早做完，不加班

Excel
数据处理效率手册

文杰书院 ◎ 编著

清华大学出版社
北京

内 容 简 介

本书共分8章，主要包括新手这样用Excel、高效准确地录入数据、处理与设置数据格式、用好公式与函数、数据分析与预测、制作可视化的商务图表、使用数据透视表分析数据、职场办公多备一招等方面的知识与技巧，可以有效帮助读者解决职场办公中的实际问题，快速提升职场竞争力。

本书充分考虑了读者的实操水平，语言通俗易懂，内容从易到难，既适合职场工作人员阅读，也可以作为高等院校、培训机构、企业内训教学的配套教材或学习参考用书。

本书封面贴有清华大学出版社防伪标签，无标签者不得销售。
版权所有，侵权必究。举报：010-62782989，beiqinquan@tup.tsinghua.edu.cn。

图书在版编目(CIP)数据

早做完，不加班：Excel数据处理效率手册 / 文杰书院编著. -- 北京：清华大学出版社，2025.5.
ISBN 978-7-302-68830-3
Ⅰ.TP391.13
中国国家版本馆CIP数据核字第2025FV9159号

责任编辑：魏　莹
封面设计：李　坤
责任校对：李玉茹
责任印制：刘　菲

出版发行：清华大学出版社
　　　　　网　　址：https://www.tup.com.cn，https://www.wqxuetang.com
　　　　　地　　址：北京清华大学学研大厦A座　　邮　　编：100084
　　　　　社 总 机：010-83470000　　　　　　　　邮　　购：010-62786544
　　　　　投稿与读者服务：010-62776969，c-service@tup.tsinghua.edu.cn
　　　　　质量反馈：010-62772015，zhiliang@tup.tsinghua.edu.cn
印 装 者：涿州市般润文化传播有限公司
经　　销：全国新华书店
开　　本：187mm×250mm　　　印　　张：15.25　　　字　　数：332千字
版　　次：2025年6月第1版　　　　　　　　　　　印　　次：2025年6月第1次印刷
定　　价：89.00元

产品编号：105806-01

前言

本书深度融合最新的 AI 应用技术，通过构建系统化知识架构并整合数字化资源，致力于提升办公自动化水平。Excel 作为职场核心生产力工具，凭借函数运算、数据透视和自动化能力，能够显著提升跨行业工作效率。职场办公人员，不管从事会计、审计、统计，还是营销、金融或管理等，掌握并灵活运用 Excel，都将使工作事半功倍！

一、完善的知识体系

本书依据读者的学习习惯编写，采用由浅入深、由易到难的方式讲解。融合 Excel 特性与行业场景，打造全流程数字化办公解决方案。无论是基础知识安排还是办公应用技能训练，都充分考虑用户需求。全书结构清晰、内容丰富，主要涵盖以下几方面内容：

1. Excel 认知与基础操作

本书第 1 章阐述了新手使用 Excel 的实用技巧，包含认识 Excel 的四类表格、快速制作产品库存表、专业的斜线表头、跨列居中和自动换行、滚动表格时标题一动不动、使用文心一言绘制表格的相关知识与技巧。

2. 数据录入与处理分析

第 2~5 章介绍了高效准确录入数据、处理与设置数据格式、用好公式与函数、数据分析与预测等内容。

3. 可视化图表分析与决策

第 6~7 章全面介绍制作可视化的商务图表、使用数据透视表分析数据等内容。

4. 高效提升职场效率

第 8 章介绍职场办公多备一招，主要内容有加密保护、简单易用的小妙招、打印与输出表格等。

二、数字化学习资源

为助力读者学以致用、快速提升，本书构建了全方位学习支持体系。读者通过系统化学习，不但能显著提升办公效率，还可构建多维知识框架，为此精心准备了配套学习资源包。

（一）本书配套学习资源

为帮助读者高效学习本书知识点，我们准备了丰富的配套学习资源，包含"同步视频教学""配套学习素材"和"同步配套 PPT 教学课件"等。

1. 同步视频教学

本书所有知识点均配有同步视频教学,读者可扫描书中二维码在线实时观看,也可将视频下载到电脑或手机中离线观看。

2. 配套学习素材

本书提供各章节实例的配套学习素材文件,可扫描章首页二维码下载本章学习素材,也可扫描如图 1 所示的二维码下载全书配套学习素材。

3. 同步配套 PPT 教学课件

教师购买本书,可通过扫描如图 2 所示的二维码下载配套 PPT 教学课件。

图 1　配套学习素材　　　　　图 2　PPT 教学课件

(二)赠送的拓展学习资源

购买本书的读者均可获得与本书知识点或职场工作相关的视频精讲课程及独家电子书礼包。

1. 视频精讲课程

本书作者为读者定制独家视频课程礼包,内容包含"WPS Office 高效办公入门与应用"等共 6 套、约 3GB 容量的视频课程,读者可扫描如图 3 所示的二维码下载。

图 3　视频精讲课程礼包

2. 独家电子书礼包

本书赠送独家电子书礼包，内容包括《从零开始学 DeepSeek（基础篇）》和《从零开始学 DeepSeek（技巧篇）》等共 15 册电子书，读者可扫描如图 4 所示的二维码下载。

- 01-从零开始学DeepSeek（基础篇）
- 02-从零开始学DeepSeek（技巧篇）
- 03-Windows实用操作技巧精粹
- 04-电脑常用的快捷键
- 05-Office常用快捷键
- 06-Office 2016典型应用案例
- 07-Word常用技巧精粹
- 08-全新安装Windows操作系统
- 09-Excel常用技巧精粹
- 10-PPT常用技巧精粹
- 11-Excel常用函数大全
- 12-Excel行政与财务管理应用案例
- 13-快速学习电脑组装
- 14-电脑常见故障排查
- 15-电脑组装与维护及故障排除

图 4　独家电子书礼包

（三）下载数字化学习资源的方法

若读者要下载本书配套素材，可用手机扫描对应二维码。例如，扫描视频精讲课程二维码后，会弹出如图 5 所示的界面，单击"推送到我的邮箱（PC 端下载）"链接，在弹出界面的文本框中输入邮箱地址，然后单击"发送"按钮即可，如图 6 所示。

图 5　单击"推送到我的邮箱（PC 端下载）"链接　　图 6　单击"发送"按钮

三、持续增值的读者服务

本书提供持续增值的读者服务，助力读者在数字化办公领域持续精进。读者学习本书时，可以扫描如图7所示的二维码，下载"读者服务.docx"文件，可获取与作者交流互动的方式。

★ **更多免费学习机会**：通过作者官方网站、微信公众号、抖音号等获取技术支持服务信息，以及更多最新视频课程、模板、素材等资源。

★ **参与专家答疑等活动**：读者学习过程中若遇到问题，可通过读者QQ群或电子邮件向文杰书院团队的专家咨询、答疑。

★ **获取赠送资源的使用方法**：本书赠送视频课程和电子书的使用方法，以及学习本书过程中需注意的问题，可在"读者服务.docx"文件中查阅使用。

图7 读者服务

我们衷心希望读者阅读本书后，能开阔视野，增长实践操作技能，从中学习并总结操作经验和规律，达到灵活运用的水平。由于编者水平有限，书中难免存在纰漏和考虑不周之处，热忱欢迎读者批评、指正，以便我们日后为您编写更好的图书。

编 者

目录

第 1 章 新手这样用 Excel 1

1.1 认识 Excel 的四类表格 2
- 1.1.1 参数表 2
- 1.1.2 明细表 2
- 1.1.3 过渡表 3
- 1.1.4 汇总表 3

1.2 快速制作产品库存表 4
- 1.2.1 打开 Excel 设置标题和表头 4
- 1.2.2 编辑与填写表格内容 5
- 1.2.3 调整表格行高和列宽 8
- 1.2.4 合并单元格 9
- 1.2.5 设置表格边框 10
- 1.2.6 保存表格 11

1.3 绘制专业的斜线表头 12
- 1.3.1 绘制单斜线表头 12
- 1.3.2 绘制双斜线表头 14

1.4 设置跨列居中和自动换行 17
- 1.4.1 跨列居中 17
- 1.4.2 自动换行 18
- 1.4.3 早做完秘籍——批量删除工作表中的空白行 20

1.5 效率倍增案例——滚动表格时标题一动不动 22
- 1.5.1 冻结首行、首列 22
- 1.5.2 冻结拆分窗格 23

1.6 AI 办公——使用文心一言快速绘制表格 24

1.7 不加班问答实录 26
- 1.7.1 如何给单元格加把锁 26
- 1.7.2 如何使用快捷键快速切换多个工作表 28
- 1.7.3 批量隐藏多个工作表 30
- 1.7.4 防止录入重复姓名 31
- 1.7.5 打开表格数字都是乱码，怎么办 32

第 2 章 高效准确地录入数据 35

2.1 快速输入数据 36
- 2.1.1 快速输入当前时间和日期 36
- 2.1.2 把数据批量填充到不同的单元格中 37
- 2.1.3 正确输入身份证号码或银行卡号 40
- 2.1.4 输入以"0"开头的数字编号 40
- 2.1.5 快速输入部分重复的内容 42
- 2.1.6 快速输入大写汉字数字 43
- 2.1.7 对手机号码进行分段显示 44
- 2.1.8 为数据批量添加单位 45
- 2.1.9 早做完秘籍①——如何输入分数 46
- 2.1.10 早做完秘籍②——手写输入数学公式 46

2.2 高效填充序号数据 48
- 2.2.1 序列填充 48
- 2.2.2 使用自定义序列录入文本序号 49
- 2.2.3 早做完秘籍③——如何为合并单元格快速填充序号 50
- 2.2.4 早做完秘籍④——如何在新增行、删除行时保持序号不变 51

2.3 输入特定型数据 53
- 2.3.1 设置数据输入的条件 53
- 2.3.2 制作下拉列表，提高录入效率 54

2.3.3 使用公式设置验证条件 ... 55
2.3.4 设置智能输入提示 ... 56
2.3.5 复制数据验证到不同表格 ... 57
2.3.6 早做完秘籍 ⑤——如何制作可以自动更新的二级下拉列表 ... 59
2.3.7 早做完秘籍 ⑥——只允许输入某范围的标准日期 ... 62
2.4 效率倍增案例——数据导入 ... 63
   2.4.1 将图片和 PDF 数据录入 Excel ... 63
   2.4.2 将网页数据导入 Excel ... 66
   2.4.3 将表格转换成 PDF 文件交付用户 ... 68
2.5 AI 办公——使用文心一言创建员工资料表 ... 69
2.6 不加班问答实录 ... 69
   2.6.1 如何输入生僻字 ... 69
   2.6.2 如何批量输入负数 ... 71
   2.6.3 如何提示用户更好地理解和处理数据 ... 72

第 3 章 处理与设置数据格式 ... 73

3.1 调整表格中的数据 ... 74
   3.1.1 删除表格中重复的数据 ... 74
   3.1.2 清除运算错误的单元格数值 ... 75
   3.1.3 删除单元格中的超链接 ... 76
   3.1.4 将文本日期转换为标准日期 ... 76
   3.1.5 早做完秘籍 ①——合并两列数据创建新数据 ... 78
   3.1.6 早做完秘籍 ②——拆分带单位的数据 ... 80
   3.1.7 早做完秘籍 ③——设置工作表之间的超链接 ... 81
3.2 批量查找与修改数据 ... 84
   3.2.1 替换数据的同时自动设置格式 ... 84
   3.2.2 快速修改多处相同的数据错误 ... 85

3.2.3 对不同范围的数值设置不同颜色 ... 86
3.2.4 只复制数据格式 ... 88
3.2.5 粘贴的同时进行批量运算 ... 90
3.2.6 早做完秘籍 ④——竖向数据如何粘贴成横向数据 ... 91
3.3 设置表格数据格式 ... 92
   3.3.1 批量调整行高和列宽 ... 92
   3.3.2 控制单元格的文字方向 ... 93
   3.3.3 快速将数据转换为百分比样式 ... 95
   3.3.4 快速为数字添加千位分隔符 ... 97
   3.3.5 早做完秘籍 ⑤——将科学记数法恢复正常显示 ... 99
3.4 效率倍增案例——排序、筛选与汇总数据 ... 100
   3.4.1 让数据按照指定的顺序排序 ... 100
   3.4.2 对人名按照姓氏笔画排序 ... 101
   3.4.3 多重条件匹配进行高级筛选 ... 102
   3.4.4 创建多级分类汇总 ... 103
3.5 AI 办公——使用文心一言快速编写计算公式 ... 106
3.6 不加班问答实录 ... 106
   3.6.1 如何正确显示超过 24 小时的时间 ... 107
   3.6.2 如何将"A~C 级"一次性实现"合格"文字的替换 ... 108

第 4 章 用好公式与函数 ... 111

4.1 引用公式与函数 ... 112
   4.1.1 输入公式进行计算 ... 112
   4.1.2 公式的三种引用方式 ... 113
   4.1.3 在单元格中直接输入函数 ... 115
   4.1.4 早做完秘籍 ①——通过函数库插入函数 ... 115
4.2 自己动手编辑公式 ... 117

4.2.1 修改有错误的公式 117
4.2.2 快速复制公式的方法 118
4.2.3 早做完秘籍 ②——用链接公式
实现多表协同工作 119
4.3 巧用函数自动计算数据 122
4.3.1 统计函数——快速统计当前分数
所在的排名 122
4.3.2 财务函数——计算实际盈利率 124
4.3.3 查找与引用函数——查询学号
为"YX209"的学生姓名 125
4.3.4 逻辑函数——判断降温补贴
金额 127
4.3.5 日期与时间函数——计算用餐
时间 128
4.4 效率倍增案例——高效找出两个表格
数据的差异 129
4.5 AI 办公——使用文心一言生成 VBA
代码应对各种数据处理挑战 131
4.6 不加班问答实录 132
4.6.1 如何查询函数 132
4.6.2 如何使用嵌套函数 133
4.6.3 如何定义公式名称 134

第 5 章 数据分析与预测 137

5.1 使用条件格式分析数据 138
5.1.1 突出显示平均分在指定分数之间的
数据 138
5.1.2 突出显示排名前几位的数据 139
5.1.3 突出显示符合特定条件的
单元格 140
5.1.4 早做完秘籍 ①——使用数据条
快速对比数据大小 142
5.1.5 早做完秘籍 ②——使用色阶通过
颜色的深浅比较数据 143

5.2 人人都应会的数据分析 145
5.2.1 用复杂排序分析员工任务量 145
5.2.2 用自定义排序分析公司各部门
任务量 146
5.2.3 用特定条件筛选出符合条件的
老师 148
5.2.4 早做完秘籍 ③——用通配符快速
筛选数据 149
5.3 数据预测分析 150
5.3.1 单变量求解 150
5.3.2 使用单变量模拟运算分析数据 152
5.3.3 使用双变量模拟运算分析数据 153
5.3.4 早做完秘籍 ④——使用方案
管理器分析数据 154
5.4 效率倍增案例——计算不同年限贷款
月偿还额 158
5.5 AI 办公——使用 WPS AI 快速生成
函数公式 160
5.6 不加班问答实录 162
5.6.1 如何用图标来呈现项目的进度.... 162
5.6.2 如何设置符合条件的行都标
记颜色 163

第 6 章 制作可视化的商务图表 165

6.1 创建图表的方法 166
6.1.1 根据数据创建图表 166
6.1.2 使用推荐图表功能快速创建图表 167
6.1.3 快速调整图表的布局 168
6.1.4 早做完秘籍 ①——图表元素构成
和添加方法 169
6.2 编辑数据图表 170
6.2.1 更改已创建图表的类型 170
6.2.2 在图表中增加数据系列 171
6.2.3 设置纵坐标的刻度值 174

早做完，不加班
Excel 数据处理效率手册

6.2.4　更改图表的数据源 175
6.2.5　早做完秘籍 ②——将图表移到
　　　 其他工作表中 176
6.3　添加辅助线分析数据 178
6.3.1　在图表中添加趋势线 178
6.3.2　添加垂直线 179
6.3.3　给图表添加涨 / 跌柱线 180
6.3.4　早做完秘籍 ③——在图表中筛选
　　　 数据 181
6.4　效率倍增案例——使用迷你图对比
　　 分析数据 182
6.5　AI 办公——使用 WPS AI 条件格式
　　 功能快速进行数据分析 185
6.6　不加班问答实录 187
6.6.1　如何让柱形图具有占比效果 187
6.6.2　如何让图表中同时拥有折线图
　　　 和柱形图 189

第 7 章　使用数据透视表分析数据 191

7.1　创建数据透视表 192
7.1.1　快速创建数据透视表 192
7.1.2　自动布局数据透视表字段 193
7.1.3　查看数据透视表中的明细数据 194
7.1.4　早做完秘籍 ①——利用多个
　　　 数据源创建数据透视表 195
7.2　灵活运用数据透视表 198
7.2.1　打开报表时自动刷新数据 199
7.2.2　设计美观又实用的样式 199
7.2.3　更改字段名称和汇总方式 201
7.2.4　使用两大筛选器的方法 202
7.2.5　早做完秘籍 ②——巧用透视图
　　　 展示各数据间的关系和变化 205

7.3　效率倍增案例——统计各个销售员
　　 销售额占总销售额的比例 208
7.4　AI 办公——使用 WPS AI 数据问答 210
7.5　不加班问答实录 211
7.5.1　如何在单独的工作表中查看
　　　 特定项的明细数据 211
7.5.2　如何禁用显示明细数据 213
7.5.3　如何对所有商品按销量降序
　　　 排列 214

第 8 章　职场办公多备一招 215

8.1　加密保护 216
8.1.1　加密工作簿的方法 216
8.1.2　如何保护工作表不被他人修改 217
8.1.3　如何设定允许编辑区域 218
8.2　简单易用的小妙招 221
8.2.1　使用逗号分隔符快速分列数据 221
8.2.2　根据单元格内容快速筛选出
　　　 数据 223
8.2.3　如何快速让员工名单随机排序 223
8.2.4　将 "2024.07.01" 改成 "2024/7/1"
　　　 格式 225
8.2.5　如何快速找出名单中缺失的
　　　 人名 226
8.3　打印与输出表格 227
8.3.1　如何只打印部分数据 227
8.3.2　如何插入分页符对表格进行
　　　 分页 228
8.3.3　如何只打印图表 229
8.3.4　如何为奇偶页设置不同的页眉、
　　　 页脚 230
8.3.5　如何将 Excel 文件导出到文本
　　　 文件 232

VIII

早 做 完 ， 不 加 班

扫码获取本章学习素材

第 1 章

新手这样用 Excel

本章知识要点

◎ 认识Excel的四类表格
◎ 快速制作产品库存表
◎ 绘制专业的斜线表头
◎ 设置跨列居中和自动换行
◎ 效率倍增案例——滚动表格时标题一动不动
◎ AI办公——使用文心一言快速绘制表格

本章主要内容

　　本章主要介绍一些Excel的实用技巧，这些技巧虽然操作简单，一学就会，但实用性很强。主要内容包括认识Excel的四类表格、快速制作产品库存表、绘制专业的斜线表头，以及滚动表格时使标题一动不动的方法，最后还介绍使用文心一言快速绘制表格的操作方法，并对一些常见的Excel问题进行了解答。

1.1 认识 Excel 的四类表格

Excel 是由大量单元格组成的空白画布,这些单元格里放的内容不同,画布最终呈现的效果就不同,这也使得 Excel 的用途数不胜数。要了解 Excel 表格,我们可以首先从认识 Excel 的四类表格开始。表格之间是互相关联的,要厘清四类表格,从一开始就需要养成好习惯,设置好参数表,规范明细表,善用过渡表,这样才能让领导看到满意的汇总表。四类表格的示意图如图 1-1 所示。

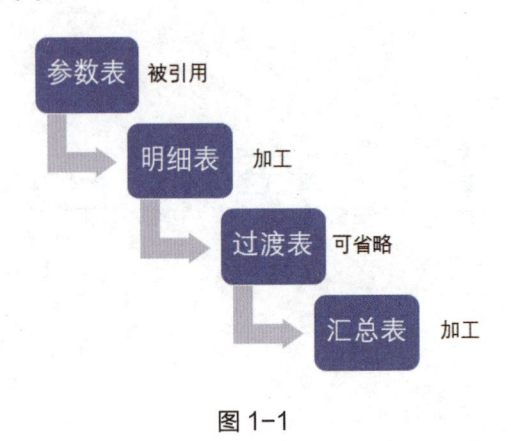

图 1-1

1.1.1 参数表

产品清单又称参数表,前期设置好后,若有新产品就添加进去。模式基本上不会变动,只要输入规范即可,主要起引用的作用,如图 1-2 所示。

产品名称	单价	类型
A1	3	A
A2	2	A
A3	4	A
B1	4	B
B2	5	B
B3	9	B
C1	6	C
C2	5	C
C3	4	C

图 1-2

1.1.2 明细表

明细表就是日常登记产品详细信息的记录表,因为每个公司对产品都有一定的编号管

第 1 章 新手这样用 Excel

理,所以存在一部分参数是固定对应的。为了节约登记时间及频率,就需要尽量减少登记内容。因此,在明细表中仅仅通过手工录入产品名称及数量,而每种产品的单价及类型等信息可以通过参数表直接引用,如图 1-3 所示。

产品名称	数量	单价	类型
A1	3	3	A
A2	2	2	A
A3	3	4	A
B1	4	4	B
B2	6	5	B
B3	5	9	B
C1	7	6	C
C2	8	5	C
C3	4	4	C

图 1-3

明细表里面包含了很多信息,具体如下。

- ➢ 每一列都有标题,但标题不能重复,没有多行标题。
- ➢ 同一列为同一数据类型,各列数据格式规范统一。
- ➢ 没有合并单元格。
- ➢ 各记录之间没有空行、小计与合计行。
- ➢ 表格纵向发展,行数可达几十万行,列数控制在 10 列以内。

1.1.3 过渡表

Excel 中还应该存在一种表格,即过渡表。很多时候,通过明细表并不一定能够直接得到汇总表,需要经过一系列的过渡才能真正转换成汇总表。过渡表的作用就是统计汇总表需要的某项信息,例如肉类库存情况,如图 1-4 所示。

肉类购买生产库存情况

肉类	生产量	销售数量	库存量	库存单价
赤肉	11240	5279	-5961	11
肚肉	2527	791	-1736	9.5
白肉	1410	344	-1066	4.5
金额	150592	63732	-86860	

主要客户销售情况

	出货	退货	实际销售额
金额	351008	7275	343733

图 1-4

1.1.4 汇总表

明细表(原始数据)通过引用参数表的数据,经过一系列加工就可以变成汇总表。图 1-5

所示的汇总表是最基础的一类，这里根据产品类型汇总销售额。

产品类型	销售额
A	25
B	91
C	98

图 1-5

Excel 的汇总表有两种形式。一种汇总表是有固定模板的，这种情况需要事先设置好模板，不允许改动，可以通过设置公式来将数据源引用到汇总表中。另一种汇总表是不做要求的，可以灵活变动，这种形式需要考虑以下两个问题。

- 体现目的，一定要将说明的主要内容体现出来。
- 要容易汇总数据，可适当引用过渡表中的数据。

1.2 快速制作产品库存表

库存表是统计仓库中的原材料、易耗品、包装物、产成品、半成品等的结存表，是仓管人员经常接触的一种表格。通过产品库存表能清楚地了解进货、出货及结存等数据，一般每月需要结算一次。本节将详细介绍制作产品库存表的方法。

1.2.1 打开 Excel 设置标题和表头

制作库存表之前我们首先需要打开 Excel 表格，然后第一行不要着急输入内容，先空出来，用来设置标题和表头。下面详细介绍设置标题和表头的操作方法。

<< 扫左侧二维码可获取本小节配套视频课程

第1步 打开 Excel 的方式很多。例如，在文件夹的空白位置右击，然后在弹出的快捷菜单中选择【新建】→【Microsoft Excel 工作表】命令，新建 Excel 文档，双击新建的文档即可打开 Excel，创建一个空白工作簿，如图 1-6 所示。

第2步 选择 A1 单元格，输入"产品库存表"，如图 1-7 所示。

第 1 章
新手这样用 Excel

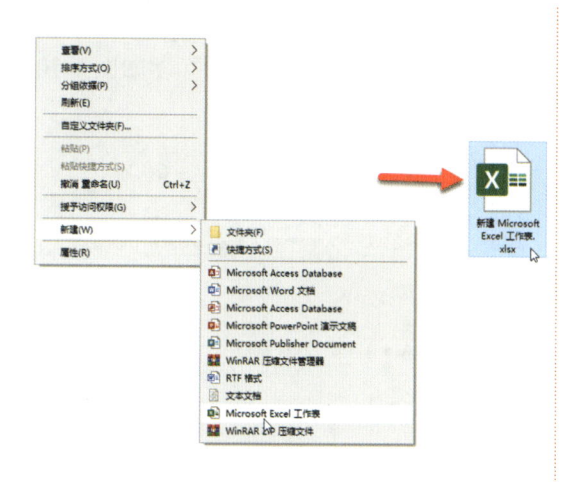

图 1-6

图 1-7

第 3 步 按【Enter】键完成文本输入，系统会自动选择下方的单元格；继续输入其他单元格中的内容，从而完成表头的创建，如图 1-8 所示。

※ **经验之谈**

在单元格中输入数据的方法主要有三种：①选择单元格后，直接输入所需的数据，然后按【Enter】键或单击其他单元格；②双击要输入数据的单元格，将文本插入点定位到其中，再输入所需数据；③选择单元格后，将文本插入点定位到编辑栏中再输入数据。

图 1-8

1.2.2 编辑与填写表格内容

Excel 表格中常见的数据类型有文本、数字、日期和时间等。在制作表格的过程中，如果需要在某一列或某一行中输入相同的数据或具有一定规律的数据，可以使用快速填充数据的功能来轻松实现，这样能有效地提高工作效率。下面详细介绍编辑与填写表格内容的操作方法。

<< 扫左侧二维码可获取本小节配套视频课程

5

第1步 选择 A3 单元格，在编辑栏中输入 "001"，如图 1-9 所示。

第2步 按【Enter】键完成输入后，单元格中的数据将会显现为 "001"，如图 1-10 所示。

图 1-9

图 1-10

第3步 同时选择 C3 和 D3 单元格，输入 "200"，如图 1-11 所示。

第4步 按【Ctrl】+【Enter】快捷键，可在选择的多个单元格中同时输入 "200"，如图 1-12 所示。使用相同的方法在单元格中输入其他数据。

图 1-11

图 1-12

第5步 选择 A3 单元格，将鼠标指针移动到该单元格的右下角，如图 1-13 所示。

第6步 当鼠标指针变为 ✚ 形状时，按住鼠标左键不放，并拖动控制柄到 A12 单元格，如图 1-14 所示。

第 1 章 新手这样用 Excel

图 1-13

图 1-14

第 7 步 释放鼠标左键，即可在 A4:A12 单元格区域中填充差值为 1 的等差序列。选择 D3 单元格，将鼠标指针移动到该单元格的右下角，如图 1-15 所示。

第 8 步 当鼠标指针变为 ✚ 形状时，按住鼠标左键不放，并拖动控制柄到 D12 单元格，释放鼠标左键即可在 D4:D12 单元格区域中填充相同的数据，如图 1-16 所示。

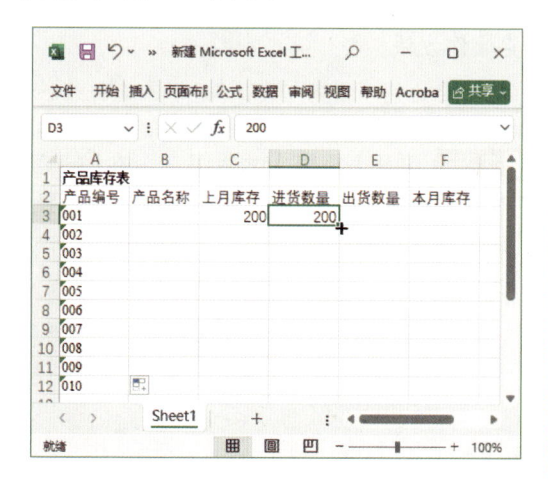

图 1-15

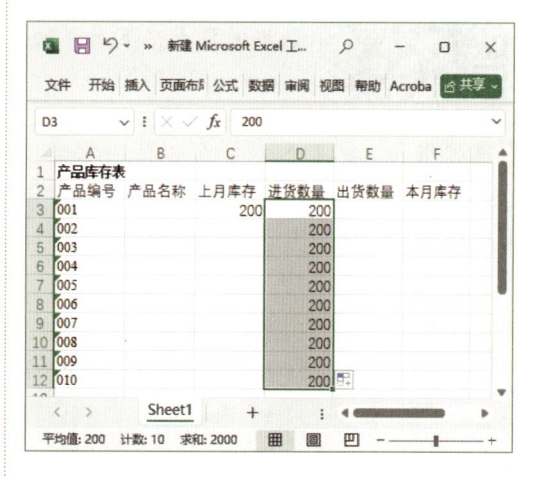

图 1-16

第 9 步 添加完成表格中的其他内容后，选择 B6 单元格，输入需要的新数据"舒缓眼霜套装"，即可替换原单元格中的数据，如图 1-17 所示。

第10步 选择 B12 单元格，将文本插入点定位在编辑栏中文本的最后方，输入需要添加的文本，即可修改单元格中的文本，如图 1-18 所示。

7

早做完，不加班
Excel 数据处理效率手册

图 1-17

图 1-18

1.2.3 调整表格行高和列宽

默认情况下，每个单元格的行高与列宽是固定的，但在实际的表格编辑过程中经常需要调整单元格的行高或列宽，使其符合单元格中数据的要求。下面详细介绍其操作方法。

<< 扫左侧二维码可获取本小节配套视频课程

第1步 ① 选择第 2 行单元格，② 单击【开始】选项卡【单元格】组中的【格式】下拉按钮，③ 在弹出的下拉列表中选择【行高】选项，如图 1-19 所示。

第2步 弹出【行高】对话框，① 在【行高】文本框中输入 "20"，② 单击【确定】按钮，即可将行高调整完成，如图 1-20 所示。

图 1-19

图 1-20

第3步 ① 选择 B 列单元格，② 单击【开始】选项卡【单元格】组中的【格式】下拉按钮，③ 在弹出的下拉列表中选择【自动调整列宽】选项，如图 1-21 所示。

第4步 经过上步操作，Excel 就会根据该列单元格中的内容来自动调整列宽，效果如图 1-22 所示。

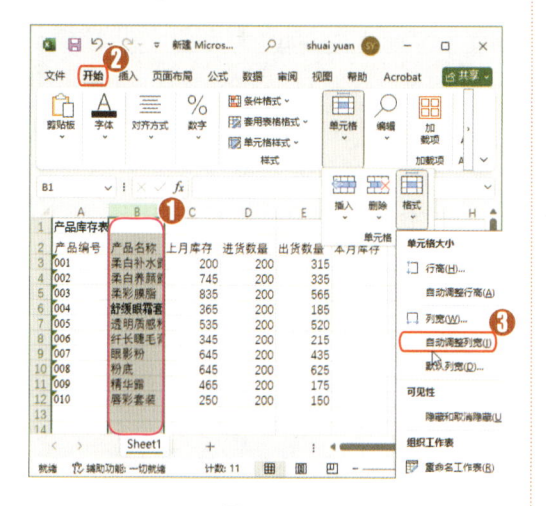

图 1-21

图 1-22

知识拓展

将鼠标指针移至行号与行号间的分隔线处，当鼠标指针变为 ✣ 形状时，按住鼠标左键不放进行拖动，即可调整行高；将鼠标指针移至列标与列标间的分隔线处，当鼠标指针变为 ✣ 形状时，按住鼠标左键不放进行拖动，即可调整列宽。这是调整单元格行高和列宽最常用的方法，但该方法不能进行精确调整。

1.2.4 合并单元格

在制作表格的过程中，有时候需要将多个连续的单元格合并为一个单元格。例如，要将工作表中最上方的标题"产品库存表"所在的多个单元格合并为一个单元格，但不改变内容并居中显示在合并后的单元格中。下面详细介绍合并单元格的操作方法。

<< 扫左侧二维码可获取本小节配套视频课程

第1步 ① 选择 A1:F1 单元格区域，② 单击【开始】选项卡【对齐方式】组中的【合并后居中】按钮，如图 1-23 所示。

第2步 经过上步操作，即可将原来的 A1:F1 单元格区域合并为一个单元格并且标题会居中显示，合并后的效果如图 1-24 所示。

图 1-23

图 1-24

1.2.5 设置表格边框

为了突出显示表格中的数据，使表格更加清晰、美观，用户还可以设置表格边框，下面详细介绍其操作方法。

<< 扫左侧二维码可获取本小节配套视频课程

第 1 步　选中整个表格数据区域后，单击【开始】选项卡【对齐方式】组中的对话框开启按钮 ，如图 1-25 所示。

第 2 步　弹出【设置单元格格式】对话框，① 选择【边框】选项卡，② 在【样式】列表框中选择边框样式，③ 在【边框】栏中需要添加的边框效果预览图上单击，④ 单击【确定】按钮，如图 1-26 所示。

图 1-25

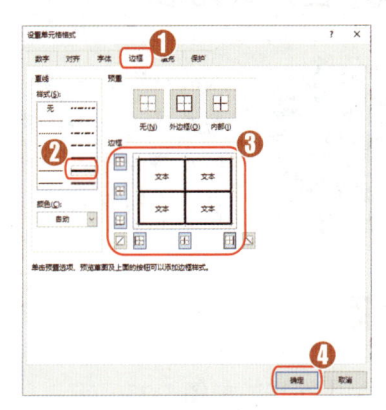

图 1-26

第 3 步　可以看到表格中已经添加了边框效果，如图 1-27 所示。

※ 经验之谈

按【Ctrl】+【1】快捷键，可以快速打开【设置单元格格式】对话框。

图 1-27

1.2.6 保存表格

编辑和设置好工作表中的所有内容后，最后一步就是保存表格了。保存表格的方法有多种，下面详细介绍保存表格的方法。

<< 扫左侧二维码可获取本小节配套视频课程

第 1 步　单击快速访问工具栏中的【保存】按钮，即可快速保存表格内容，如图 1-28 所示。

第 2 步　用户还可以执行【文件】→【保存】命令来保存表格，如图 1-29 所示。

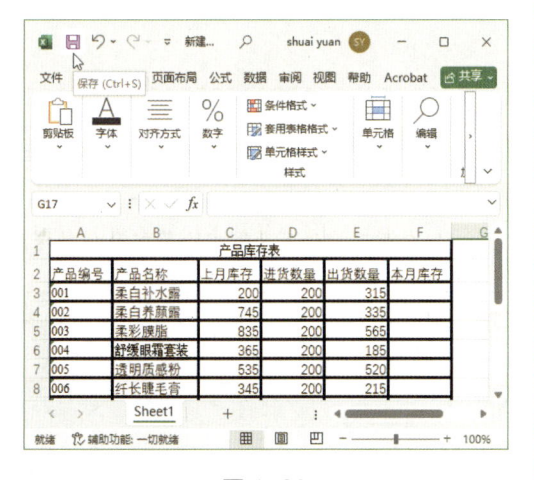

图 1-28

图 1-29

第 3 步 如果需要另存表格，可以执行【文件】→【另存为】命令，然后双击【这台电脑】按钮，如图 1-30 所示。

第 4 步 在弹出的【另存为】对话框中，设置保存位置、文件名后，单击【保存】按钮即可，如图 1-31 所示。

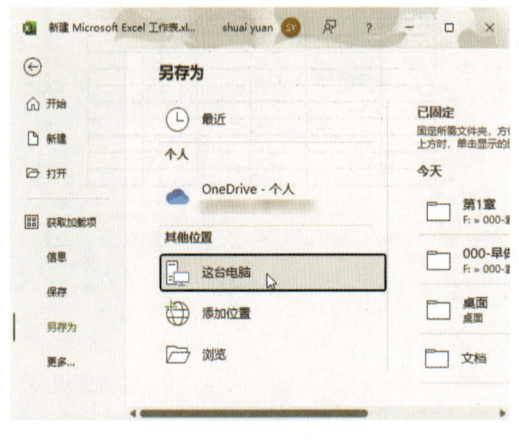

图 1-30

图 1-31

1.3 绘制专业的斜线表头

在处理表格中的数据时，表头的某一单元格中经常需要显示斜线，以分割不同的标题内容，这样整个表格看起来不仅专业，而且更加美观。本节将详细介绍绘制斜线表头的相关方法。

1.3.1 绘制单斜线表头

在 Excel 中，可以使用【设置单元格格式】对话框添加单斜线表头。下面详细介绍绘制单斜线表头的方法。

<< 扫左侧二维码可获取本小节配套视频课程

第 1 步 打开素材文件"斜线表头素材.xlsx"，选择 A1 单元格，可以看到其中包含"项目"和"日期"两个标题，如果要添加斜线表头，首先需要使文本"日期"显示在"项目"下方，此时可以将输入光标放置在文本"日期"前，如图 1-32 所示。

第 2 步 按【Alt】+【Enter】快捷键强制换行，适当调整 A1 单元格的行高，即可看到文本"日期"显示在"项目"下方，如图 1-33 所示。

第 1 章　新手这样用 Excel

图 1-32

图 1-33

第 3 步　如果两行之间的空白区域太少，则将输入光标放在文本"项目"后，多次按【Alt】+【Enter】快捷键，即可添加多个换行符，如图 1-34 所示。

第 4 步　在文本"项目"前输入空格，将它向右移动，如图 1-35 所示。

图 1-34

图 1-35

第 5 步　这时就可以绘制斜线了，① 选择 A1 单元格并右击，② 在弹出的快捷菜单中选择【设置单元格格式】命令，如图 1-36 所示。

第 6 步　弹出【设置单元格格式】对话框，① 选择【边框】选项卡，② 在【样式】列表框中选择线条样式，③ 在【颜色】下拉列表框中选择红色，④ 在【边框】区域单击斜线按钮，⑤ 单击【确定】按钮，如图 1-37 所示。

13

图 1-36

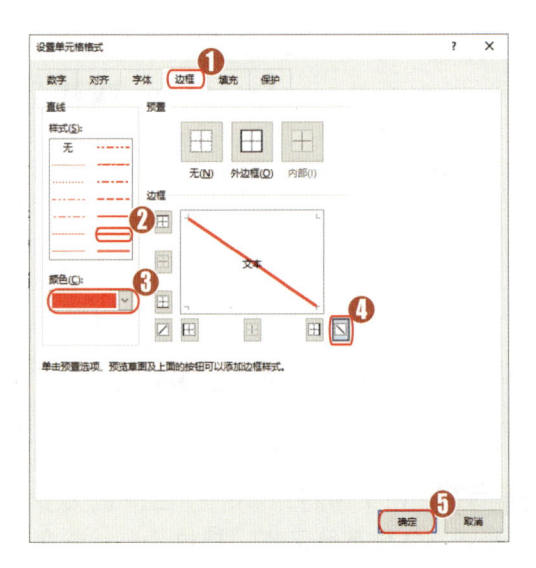

图 1-37

第7步 返回到工作表中,可以看到添加单斜线表头后的效果,如图 1-38 所示。

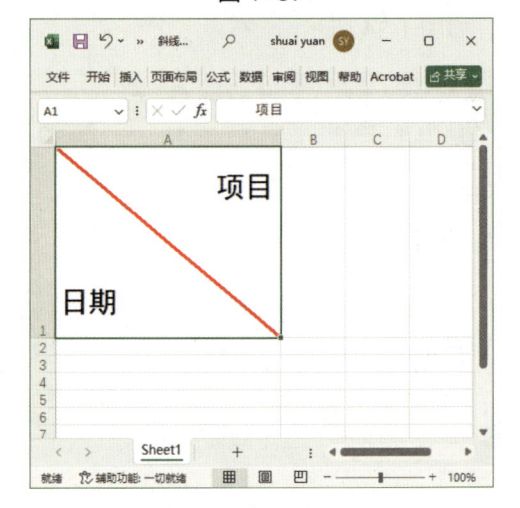

图 1-38

※ 经验之谈

在 Excel 单元格中换行时,需要按【Alt】+【Enter】快捷键,又称为强制换行组合键,顾名思义,就是强制 Excel 在当前单元格中换行,效果就是当前单元格中的文本由一行变成两行。

1.3.2 绘制双斜线表头

如果需要绘制双斜线表头,系统是无法直接添加斜线的,用户需要通过插入自选图形的形式来实现绘制双斜线。下面详细介绍绘制双斜线表头的方法。

<< 扫左侧二维码可获取本小节配套视频课程

第1章
新手这样用 Excel

第1步 首先取消上一小节创建的单斜线表头。选择 A1 单元格，按【Ctrl】+【1】快捷键，打开【设置单元格格式】对话框，① 再次单击【边框】区域中的斜线按钮，即可取消斜线表头，② 单击【确定】按钮，如图 1-39 所示。

第2步 ① 选择【插入】选项卡，② 在【插图】组中单击【形状】下拉按钮，③ 选择【线条】区域中的【直线】选项，如图 1-40 所示。

图 1-39

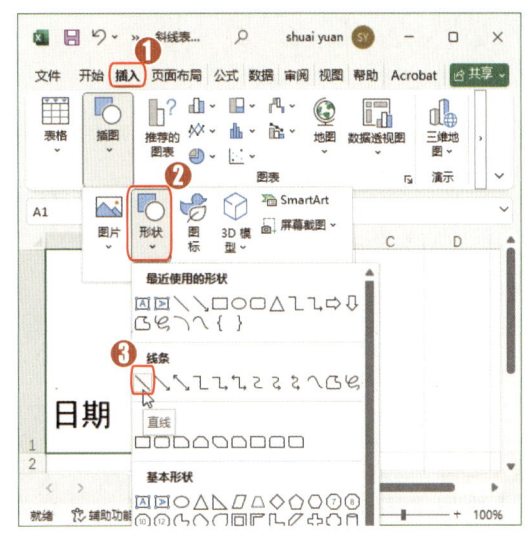

图 1-40

第3步 在 A1 单元格中从左上角向右侧绘制一条直线，如图 1-41 所示。

第4步 重复前面的两步操作，再绘制一条直线，按住【Ctrl】键依次选择这两条直线，可将两条直线同时选中，如图 1-42 所示。

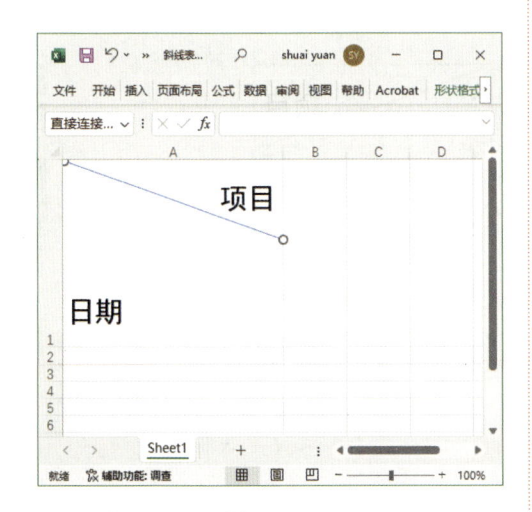

图 1-41

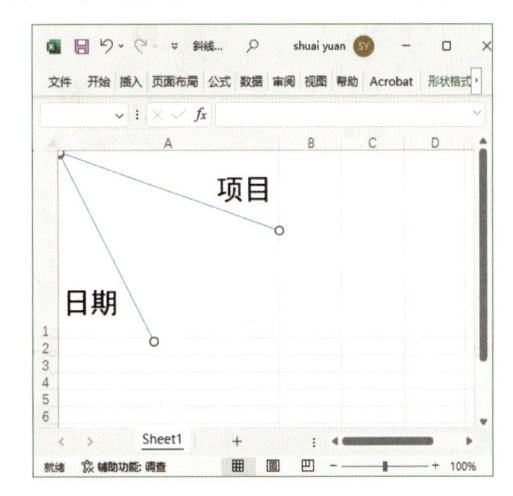

图 1-42

15

第5步 ① 选择【形状格式】选项卡，② 单击【形状样式】组中的【形状轮廓】下拉按钮，③ 在弹出的下拉列表中选择黑色，如图 1-43 所示。

第6步 可以看到更改线条颜色后的效果，如图 1-44 所示。

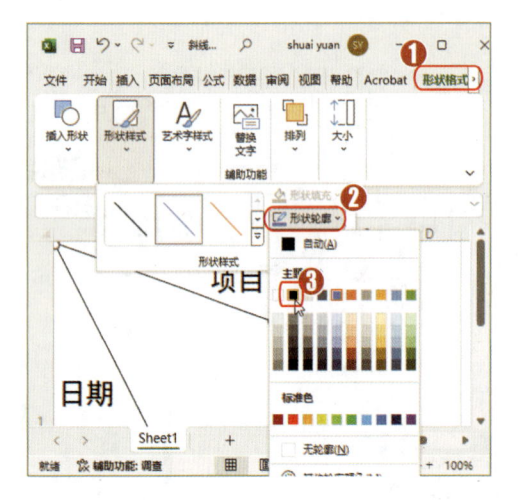

图 1-43

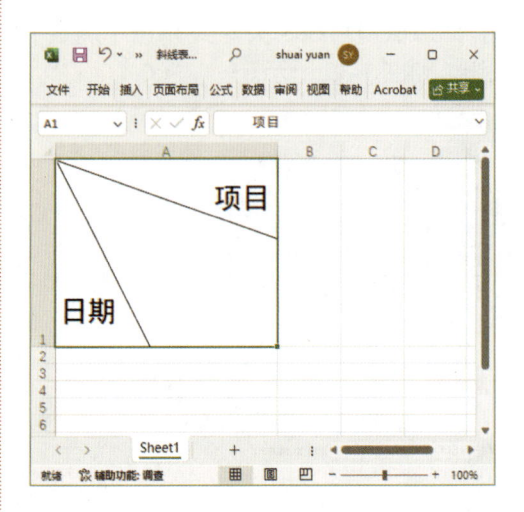

图 1-44

第7步 ① 选择【插入】选项卡，② 在【文本】组中单击【文本框】下拉按钮，③ 在弹出的下拉列表中选择【绘制横排文本框】选项，如图 1-45 所示。

第8步 在 A1 单元格中绘制一个文本框，并输入文本"进度"，根据需要设置其字体样式及大小，如图 1-46 所示。

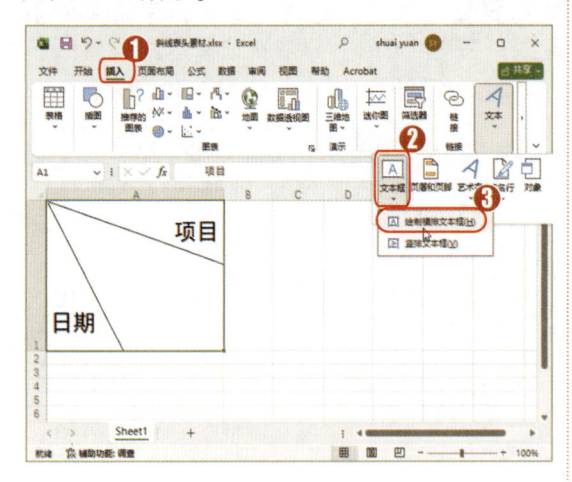

图 1-45

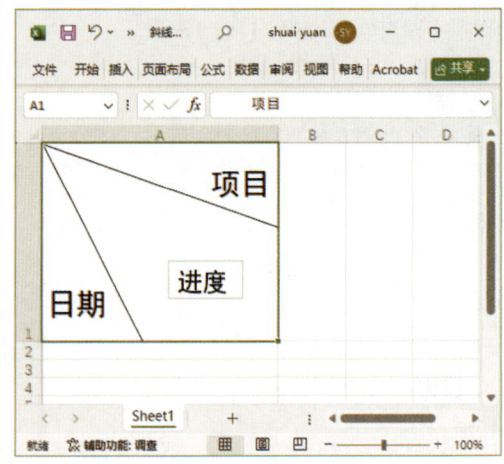

图 1-46

第9步 ① 选择绘制的文本框，② 选择【形状格式】选项卡，③ 在【形状样式】组中单击【形状轮廓】下拉按钮，④ 在弹出的下拉列表中选择【无轮廓】选项，如图 1-47 所示。

第10步 这时即可看到绘制的双斜线表头的最终效果，如图 1-48 所示。

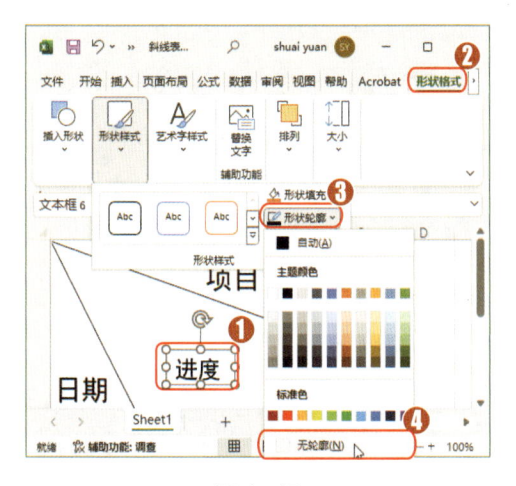

图 1-47

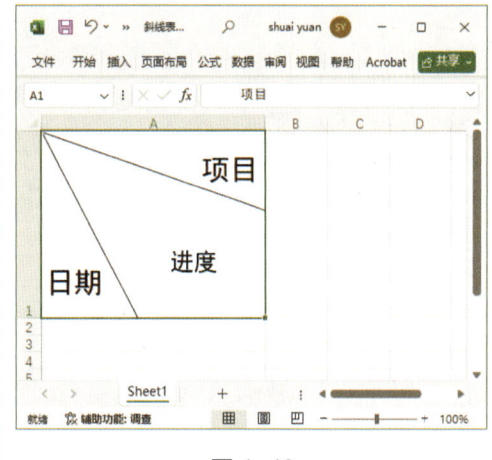

图 1-48

1.4 设置跨列居中和自动换行

在使用 Excel 制作表格时，为了不影响后续的数据处理与分析，可以使用跨列居中功能代替单元格合并功能；为了使单元格中的数据显示完整，可以设置单元格自动换行。本节将详细介绍跨列居中和自动换行的相关操作方法。

1.4.1 跨列居中

如果随意将单元格合并，可能会影响表格中数据的统计，因为 Excel 的一些操作（如筛选、制作数据透视表等）是不允许有合并单元格的。因此，最好不要轻易将单元格合并。那么，如何既不合并单元格，又能让内容在几个单元格中居中显示呢？

<< 扫左侧二维码可获取本小节配套视频课程

17

第1步 打开素材文件"产品目录.xlsx",① 选择 A1:E1 单元格区域,单击鼠标右键,② 在弹出的快捷菜单中选择【设置单元格格式】命令,如图 1-49 所示。

第2步 弹出【设置单元格格式】对话框,① 选择【对齐】选项卡,② 单击【水平对齐】下方的下拉按钮,③ 在弹出的下拉列表中选择【跨列居中】选项,④ 单击【确定】按钮,如图 1-50 所示。

图 1-49

图 1-50

第3步 返回到工作表中,可以看到设置后的效果,这样即可在不合并单元格的情况下实现文本跨列居中显示,如图 1-51 所示。

※ 经验之谈

如果需要在多个单元格中居中显示一段内容,通常情况下是选择多个单元格(如选择 A1:E1 单元格区域)后,单击【开始】→【对齐方式】组→【合并后居中】按钮,将多个单元格合并,并居中显示内容。这种操作会把选择的单元格区域真正合并。

图 1-51

1.4.2 自动换行

在使用 Excel 处理数据时,有时会遇到文本超出单元格的情况,为了保持数据的可读性和完整性,用户就需要将文本自动换行到下一行。本例将详细介绍自动换行的操作方法,掌握该方法后,无论是编辑大段文字、输入长网址,还是填写注释,都会让你事半功倍,大幅提高工作效率。

<< 扫左侧二维码可获取本小节配套视频课程

第1章 新手这样用 Excel

第1步 选择 A2 单元格，按【Ctrl】+【1】快捷键，打开【设置单元格格式】对话框，如图 1-52 所示。

第2步 ①选择【对齐】选项卡，②选中【文本控制】区域下方的【自动换行】复选框，③单击【确定】按钮，如图 1-53 所示。

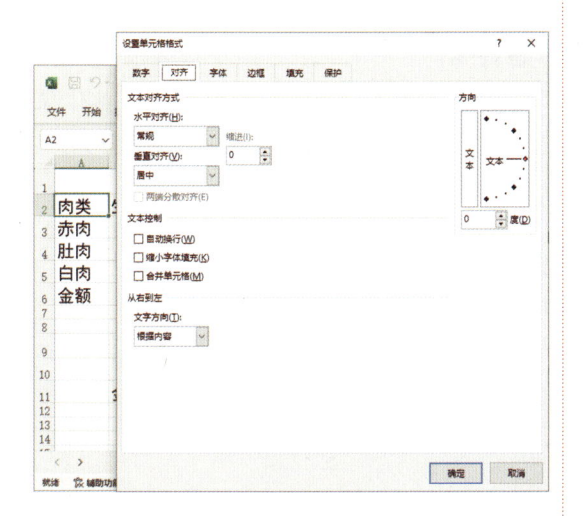

图 1-52

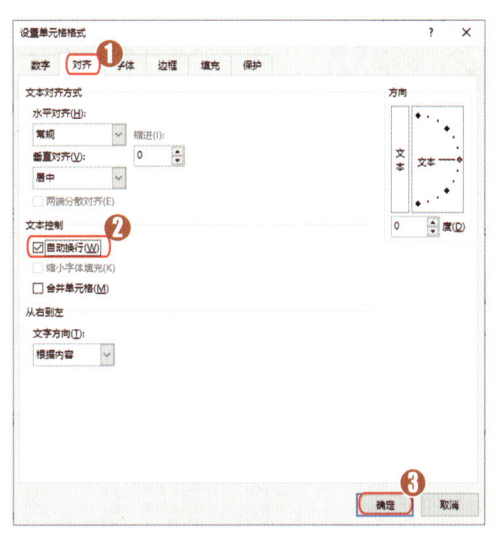

图 1-53

第3步 返回到工作表中，输入文本，即可看到单元格中文本自动换行后的效果，如图 1-54 所示。

※ 经验之谈

单击【开始】选项卡【对齐方式】组中的【自动换行】按钮，也可以快速实现单元格内容自动换行的功能。

图 1-54

答疑解惑

在设置单元格自动换行之前，如果调整了单元格的行高，执行【自动换行】命令后，单元格中的内容会根据列宽换行，但单元格中的内容仍然会显示不完整，此时可以通过调整行高来显示所有内容。

19

1.4.3 早做完秘籍——批量删除工作表中的空白行

问： 在基础数据表中保留空白行是一个非常不好的习惯，图 1-55 所示的工作表中就有多个空白行。在制作数据透视表或其他数据统计表时，空白行都会造成一定的影响，导致报错或统计结果与实际不符。那么怎样才能批量删除工作表中的空白行呢？

答： 可以选中所有区域，然后定位空白行，再删除空白行，具体操作步骤如下。

图 1-55

第1步 选择 A4:F26 单元格区域，按【F5】键，打开【定位】对话框，单击【定位条件】按钮，如图 1-56 所示。

第2步 弹出【定位条件】对话框，① 选中【空值】单选项，② 单击【确定】按钮，如图 1-57 所示。

图 1-56

图 1-57

第 1 章 新手这样用 Excel

第 3 步 可以看到已选中数据区域的所有空值，如图 1-58 所示。

第 4 步 此时，不要随意选择其他单元格，在已选择的任意单元格上单击鼠标右键，在弹出的快捷菜单中选择【删除】选项，如图 1-59 所示。

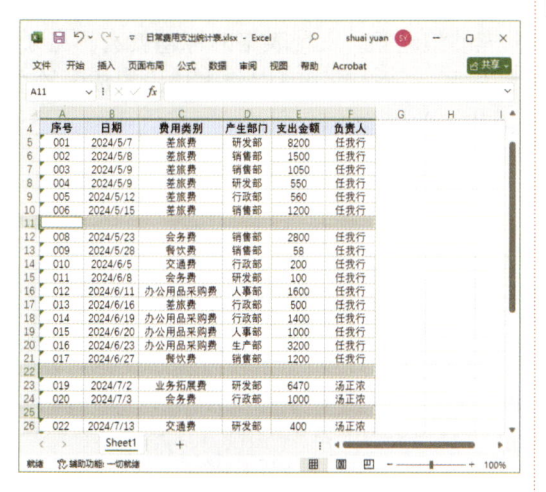

图 1-58

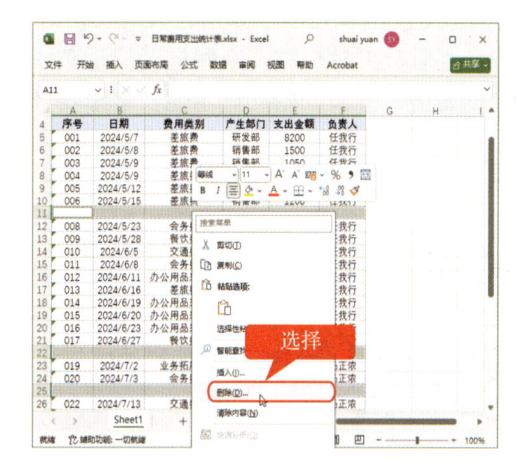

图 1-59

第 5 步 弹出【删除文档】对话框，① 选中【下方单元格上移】单选项，② 单击【确定】按钮，如图 1-60 所示。

第 6 步 返回到工作表中，可以看到已经删除了所有的空白行，如图 1-61 所示。

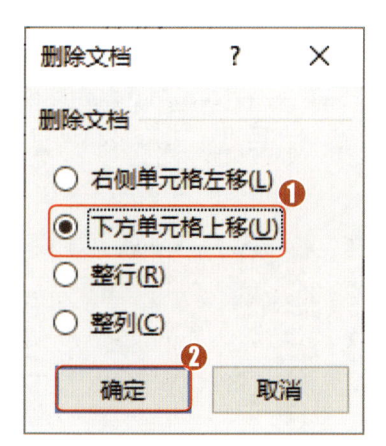

图 1-60

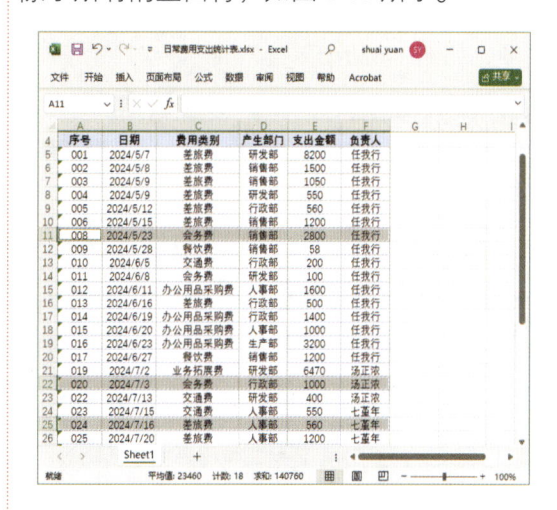

图 1-61

知识拓展

如果工作表右侧没有其他数据，也可以选中【整行】单选项；如果右侧有其他内容，则需要选中【下方单元格上移】单选项。

1.5 效率倍增案例——滚动表格时标题一动不动

在使用 Excel 处理数据量较大的表格时，向下拖动滚动条，发现表格的标题就看不见了，用户在查看数据时，需要来回拖动滚动条才能看到标题，那么是否可以将表格设置成无论怎样滚动表格，标题都始终显示呢？本节将详细介绍其相关操作方法。

1.5.1 冻结首行、首列

如果表格中的标题只有一行或一列，那么可以通过冻结首行或首列功能，让表格的标题始终显示在第一行或第一列。下面详细介绍冻结首行、首列的操作方法。

<< 扫左侧二维码可获取本小节配套视频课程

第1步 打开素材文件"工资统计表.xlsx"，① 选择【视图】选项卡，② 单击【窗口】组中的【冻结窗格】下拉按钮，③ 在弹出的下拉列表中选择【冻结首行】选项，如图 1-62 所示。

第2步 这样就可以将表格的首行"冻住"，在拖动滚动条时，标题始终显示在第一行，如图 1-63 所示。

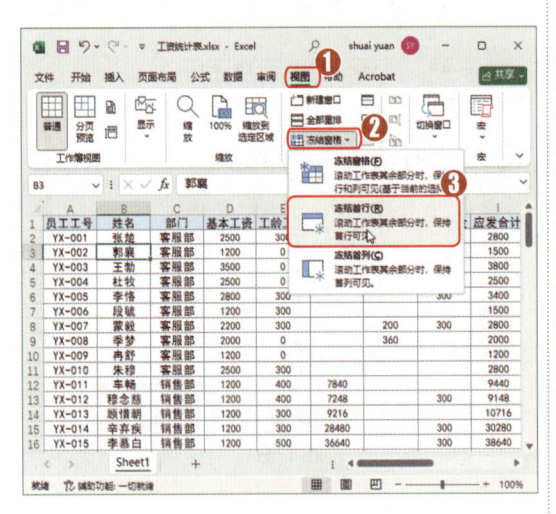

图 1-62

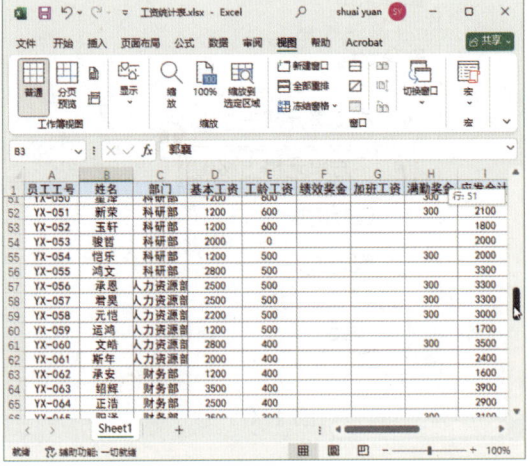

图 1-63

第 1 章
新手这样用 Excel

第 3 步 若要取消冻结，在【冻结窗格】下拉列表中选择【取消冻结窗格】选项即可，如图 1-64 所示。

第 4 步 使用相似的方法可冻结首列，在【冻结窗格】下拉列表中选择【冻结首列】选项即可，如图 1-65 所示。

图 1-64

图 1-65

1.5.2 冻结拆分窗格

> 冻结拆分窗格不仅可以冻结首行和首列，还可以同时冻结多行和多列。如果我们现在既要冻结首列，又要冻结首行，该如何操作呢？
>
> << 扫左侧二维码可获取本小节配套视频课程

第 1 步 取消上一小节设置的冻结首行、首列操作，然后选择 B2 单元格，① 选择【视图】选项卡，② 单击【窗口】组中的【冻结窗格】下拉按钮，③ 在弹出的下拉列表中选择【冻结窗格】选项，如图 1-66 所示。

※ **经验之谈**

"冻结拆分窗格"的内在逻辑是：以操作之前所选单元格的左上角为起始点，画出横向和纵向的冻结分割线，冻结的区域就是所选单元格所在行列的左侧列和上方行。例如，选择的是 C6 单元格，执行【冻结窗格】命令后，冻结的区域就是 A 列、B 列及前 5 行的数据。

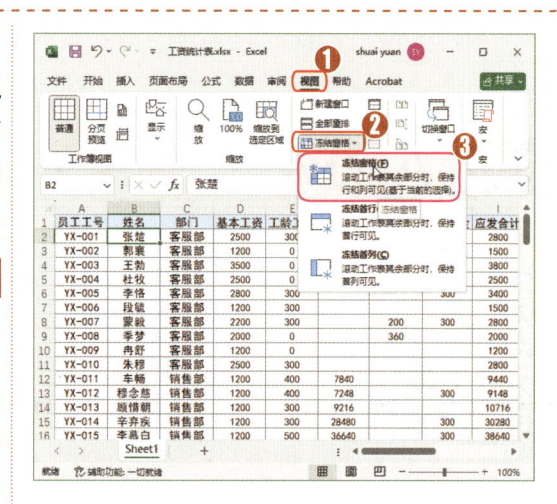

图 1-66

23

早做完，不加班
Excel 数据处理效率手册

第2步 这样就可以同时冻结 B2 单元格的左侧列和上一行，即冻结首列和首行，如图 1-67 所示。

第3步 若要冻结前 10 行的数据，可以先取消上一步设置的冻结窗格，然后选择 A11 单元格，在【冻结窗格】下拉列表中选择【冻结窗格】选项，即可将前 10 行的数据冻结，如图 1-68 所示。

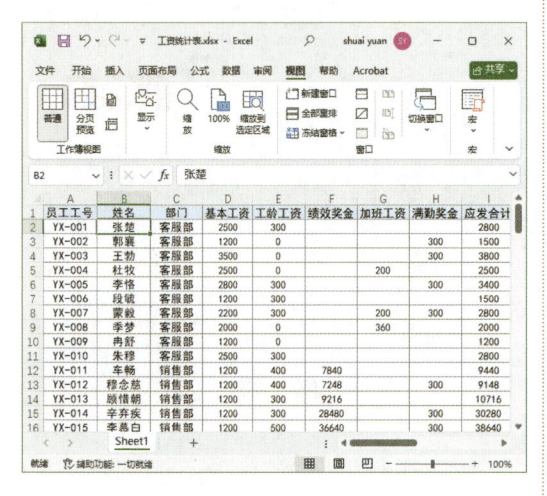

图 1-67

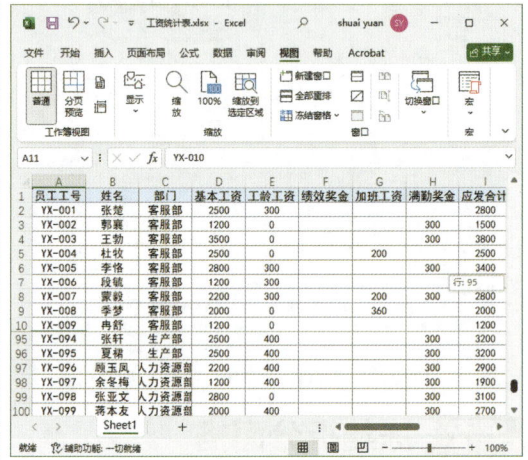

图 1-68

知识拓展

使用【Ctrl】+方向键就可以实现快速移动。具体方法如下：选中表格中的任意单元格，按【Ctrl】+【↓】快捷键即可快速向下移动。需要注意的是，移动区域的单元格必须是连续的。如果想向其他方向快速移动，只需要使用【Ctrl】+其他方向键即可实现。

1.6 AI 办公——使用文心一言快速绘制表格

文心一言可以通过与用户进行交互，不断地优化和改进自己的模型，提供精准、贴心的对话服务。如果你手头有一堆零散的数据，需要逐个复制到 Excel 表格中，这样就会非常烦琐。文心一言可以化身数据小能手，直接帮用户将数据变为表格。

<< 扫左侧二维码可获取本小节配套视频课程

第1章 新手这样用 Excel

第1步 打开浏览器，输入网址"https://yiyan.baidu.com/"，进入文心一言网站，① 在文心一言对话框中输入如图1-69所示的指令，② 单击【发送】按钮。

第2步 文心一言会根据用户发送的指令自动生成一些数据及表格结果，如图1-70所示。

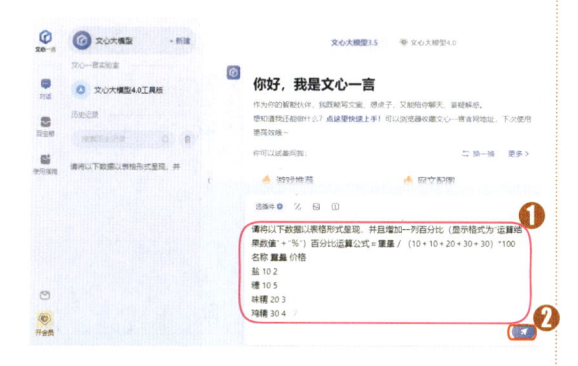

图 1-69

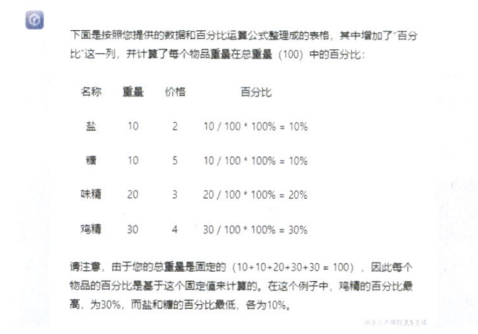

图 1-70

第3步 生成结果后，用户还可以选择【你可以继续问我】区域下方展示的问题，继续向文心一言发出指令，如图1-71所示。

第4步 文心一言会继续根据发出的指令生成结果，如图1-72所示。使用文心一言生成用户想要的数据效果后，用户可以直接把数据复制到 Excel 中，这样一个简单的案例数据表就完成了。

图 1-71

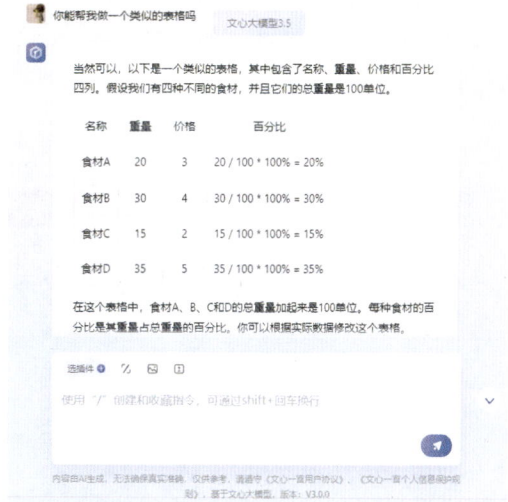

图 1-72

25

知识拓展

一条优秀的指令词应包含所根据的"参考信息"、完成的"动作"、达成的"目标"、满足的"要求"。参考信息：文心一言完成任务时需要知道的必要背景和材料，如报告、知识、对话上下文等；动作：需要文心一言帮你解决的事情，如撰写、生成、总结、回答等；目标：需要文心一言生成的目标内容，如答案、方案、文本、图片、视频、图表等；要求：需要文心一言遵循的任务细节要求，如按XX格式输出、按XX语言风格撰写等。

1.7 不加班问答实录

本章主要介绍了一些Excel的实用技巧，这些技巧在实际工作中的使用频率较高，看似简单却又鲜为人知。下面将对办公过程中一些常见的Excel问题进行解答，从而提高用户使用Excel处理数据的效率。

1.7.1 如何给单元格加把锁

工作表中的单元格都具有锁定和隐藏的属性，也就是说，单元格中的内容是可以被锁定或隐藏起来的，这样可以让查看工作表的人只能看到最终结果，而不能做任何改动。有时候，分发出去的表格，既要防止他人窜改，又要允许他人在表格中填写信息。例如，如果想在如图1-73所示的表中为表头部分添加保护，让其他人无法修改表头，但是可以在其他区域填写数据，那么应该如何设置呢？

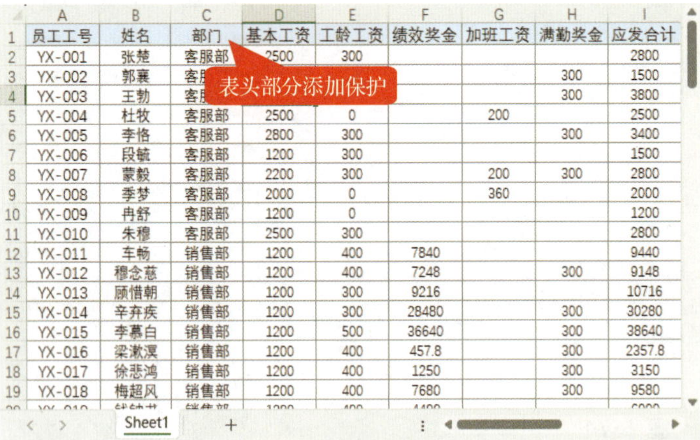

图1-73

在Excel中，所有单元格默认是锁定状态，启用【保护工作表】功能后，这些单元格将被禁止修改。具体来说，启用【保护工作表】功能后，被锁定的单元格将无法进行编辑，未被锁定的单元格则可以正常编辑。

（1）选中需要解除锁定的单元格区域。在【开始】选项卡中，单击【单元格】组中的【格式】下拉按钮。此时【锁定单元格】功能默认处于激活状态，选择【锁定单元格】选项，解除锁定，如图 1-74 所示。

（2）解除锁定后，单击【审阅】选项卡中的【保护工作表】按钮，如图 1-75 所示。

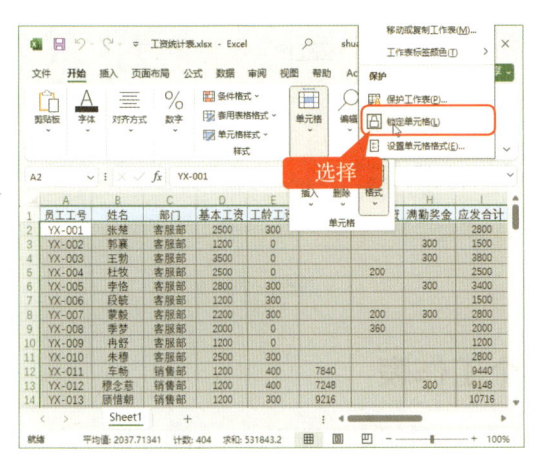

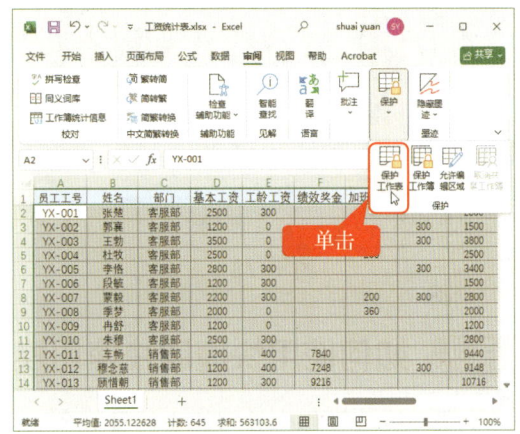

图 1-74　　　　　　　　　　图 1-75

（3）弹出【保护工作表】对话框，在【取消工作表保护时使用的密码】文本框中输入密码，然后单击【确定】按钮，如图 1-76 所示。

（4）弹出【确认密码】对话框，输入在上一步中设置的密码，单击【确定】按钮即可完成设置，如图 1-77 所示。

图 1-76　　　　　　　　　　图 1-77

这样就可以在工作表被保护的状态下对部分数据区域进行编辑了，如图 1-78 和图 1-79

所示。

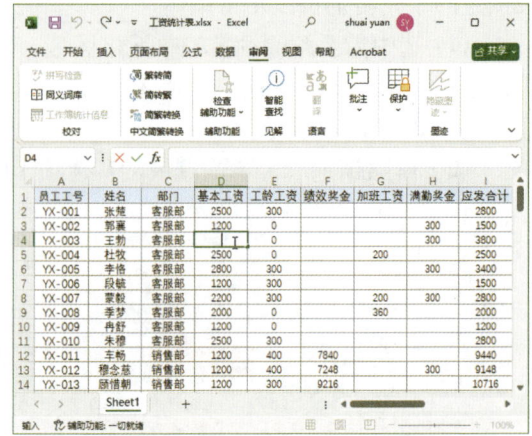

图 1-78

图 1-79

1.7.2 如何使用快捷键快速切换多个工作表

如果在办公过程中处理的文件有多个工作表，要来回切换进行录入、查阅和核对，这时一般情况下就需要把手从键盘上移开，用鼠标单击下一个工作表的标签，又把手挪回键盘，发现某个工作表的数据不对的时候，半天才能从几十个工作表里找到想要的那个工作表，相当麻烦。那么有没有什么技巧可以快速在多个工作表间来回切换呢？

图 1-80 所示的工作簿中有多个工作表，需要在这些工作表间来回录入信息时，该如何快速切换？

图 1-80

我们可以使用快捷键【Ctrl】+【PageDown】快速切换到下一个工作表，使用快捷键【Ctrl】+【PageUp】快速切换到上一个工作表。

以图 1-80 所示的表格为例，如何跳过"各月费用支出统计报表"，直接从"各部门支出费用统计报表"工作表切换到"各部门各月费用支出明细报表"工作表中？

（1）选中任意单元格，按【F6】键，此时的工作表如图 1-81 所示。

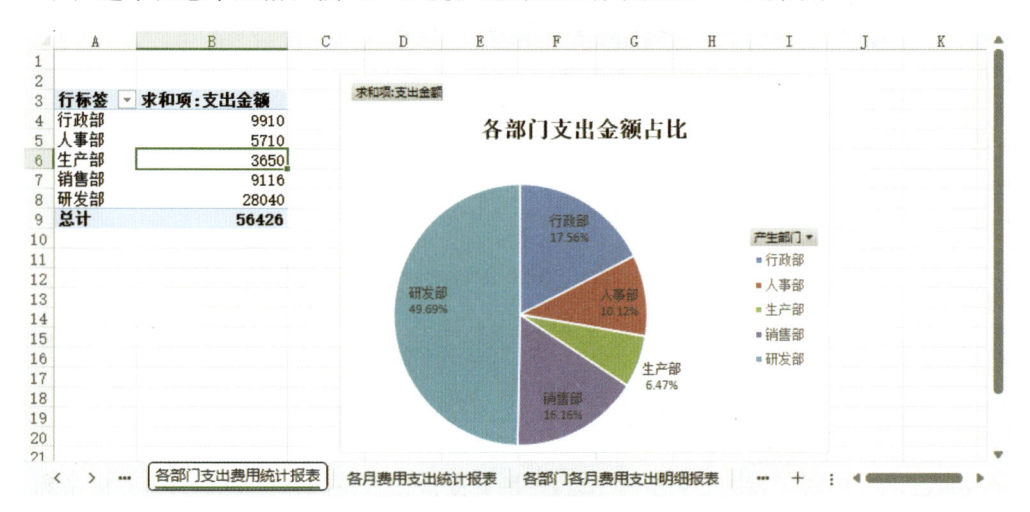

图 1-81

（2）使用左右方向键在工作表间切换，使绿色框落在待选的工作表中，如图 1-82 所示。按【Enter】键即可切换到相应的工作表中，如图 1-83 所示。

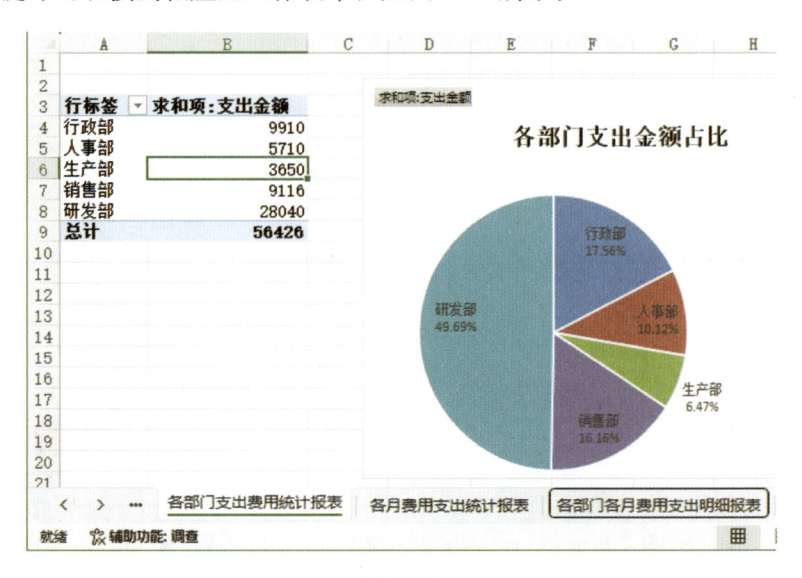

图 1-82

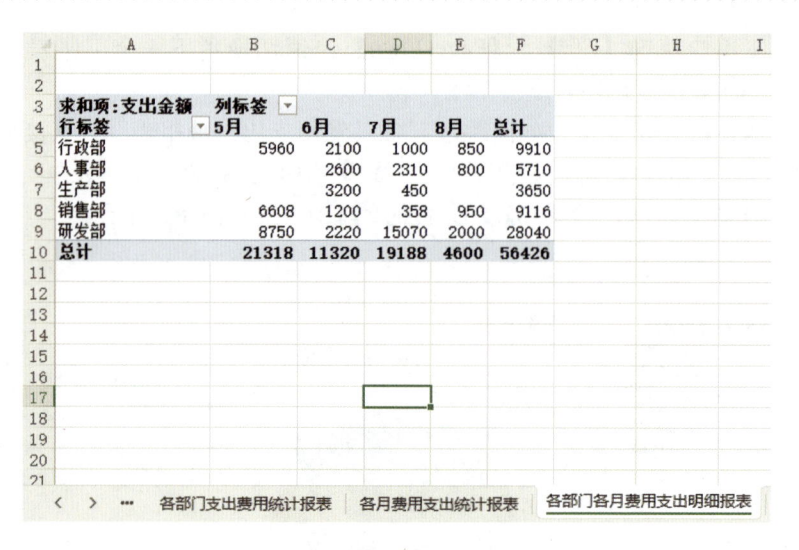

早做完，不加班
Excel 数据处理效率手册

图 1-83

1.7.3 批量隐藏多个工作表

在 Excel 中，隐藏工作表是一种常用的数据管理技巧，可以用来隐藏不需要显示的工作表，从而保持工作簿的整洁和专注于特定的工作表。如果你的工作表太多，又想批量隐藏，怎么办？

按住【Shift】键单击工作表 1~4，即可快速选择多个工作表，如图 1-84 所示。然后右击，在弹出的快捷菜单中选择【隐藏】选项，如图 1-85 所示。

图 1-84

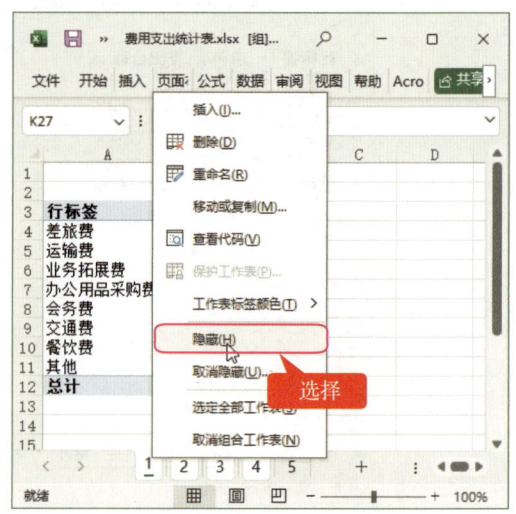

图 1-85

第 1 章
新手这样用 Excel

这样，不想被看到的表格就被我们批量隐藏了，如图 1-86 所示。

图 1-86

1.7.4 防止录入重复姓名

工作中你是否碰到过这样的场景，在 Excel 中录入数据时，一不留神就重复登记了，导致统计结果重复计算了。那么，如何设置，Excel 能够在重复输入的时候，就给出提示？

首先选中需要避免重复录入的单元格区域，此处选中"姓名"列下方的单元格区域，然后在【开始】选项卡的【样式】组中单击【条件格式】下拉按钮，在弹出的下拉列表中选择【突出显示单元格规则】→【重复值】选项，如图 1-87 所示。

随后弹出【重复值】对话框，为重复值设置需要的格式，单击【确定】按钮，如图 1-88 所示。

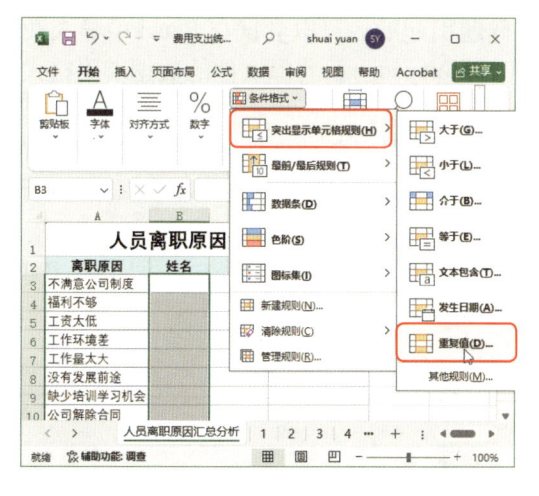

图 1-87   图 1-88

这样再录入数据时，如果有重复的姓名就会自动标注提示颜色了，如图 1-89 所示。

31

图 1-89

1.7.5 打开表格数字都是乱码，怎么办

用户在使用 Excel 时偶尔会遇到数字显示为乱码的情况，这不仅影响了数据的阅读，也大大地降低了工作效率。那么，Excel 中的数字乱码是怎么回事呢？怎么调回来呢？

Excel 中的数字乱码通常是由以下几种情况引起的。

（1）编码问题：当 Excel 文件中的数据是从其他来源（如网页、其他软件）导入时，如果源数据的编码格式与 Excel 不兼容，就可能出现乱码。

（2）字体问题：如果 Excel 中使用的字体不支持某些特殊字符或数字，这些字符或数字就可能显示为乱码。

（3）系统语言设置：系统的语言设置与 Excel 文件中的内容语言不匹配，也可能导致数字或文字显示不正常。

（4）文件损坏：Excel 文件损坏或受到病毒影响，也可能导致文件中的数字或文字出现乱码现象。

（5）录入的数字数位较多，也可能导致数字乱码。

针对上述提到的几种情况，可以采取以下几种方法来解决 Excel 数字乱码的问题。

（1）更改编码格式：如果乱码是由编码问题引起的，可以尝试在 Excel 中导入数据时选择正确的编码格式，或者使用文本编辑器（如 Notepad++）将原文件的数据编码格式转换为 Excel 兼容的编码格式，再进行导入，如图 1-90 所示。

（2）更换字体：如果是字体问题导致的乱码，则可以尝试更换一个支持当前语言字符的字体，例如对于中文乱码，可以选择宋体或微软雅黑等常见的中文字体，如图 1-91 所示。

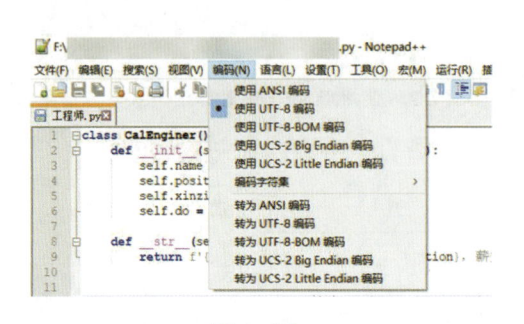

图 1-90 　　　　　　　　　　　图 1-91

（3）调整系统语言设置：当系统语言设置与 Excel 文件内容不匹配时，可以尝试将系统的语言设置调整为与文件内容匹配的语言，以解决显示问题，如图 1-92 所示。

图 1-92

（4）修复 Excel 文件：如果怀疑文件损坏，可以使用 Excel 内置的【打开并修复】功能尝试修复文件。在 Excel 中打开文件时，单击【打开】→【浏览】按钮，在弹出的【打开】对话框中选择文件后，单击右下角的【打开】下拉按钮，然后选择【打开并修复】选项，如图 1-93 所示。

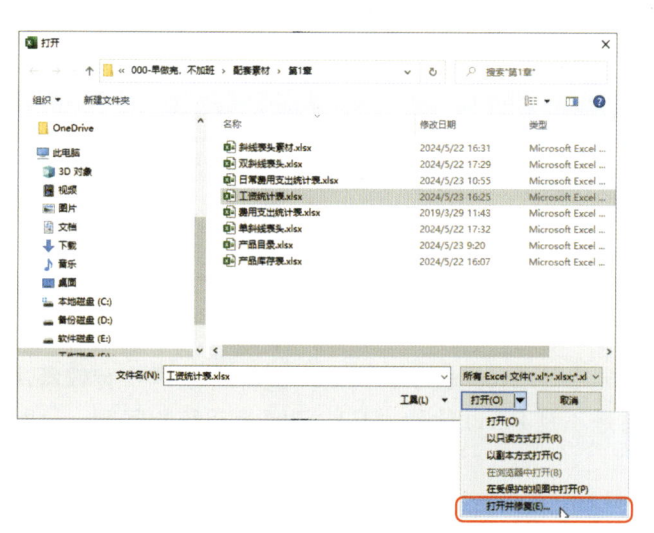

图 1-93

（5）针对录入的数字数位较多导致数字乱码的情况，我们可以直接选中 Excel 表格中乱码所在的单元格，然后右击，在弹出的快捷菜单中选择【设置单元格格式】命令，如图 1-94 所示。接着在弹出的【设置单元格格式】对话框中选择【数字】选项卡，在【分类】列表框中选择【文本】选项，单击【确定】按钮，如图 1-95 所示。

图1-94　　　　　　　　　　　图1-95

返回到工作表中，双击乱码所在的单元格，问题就解决了，如图1-96和图1-97所示。

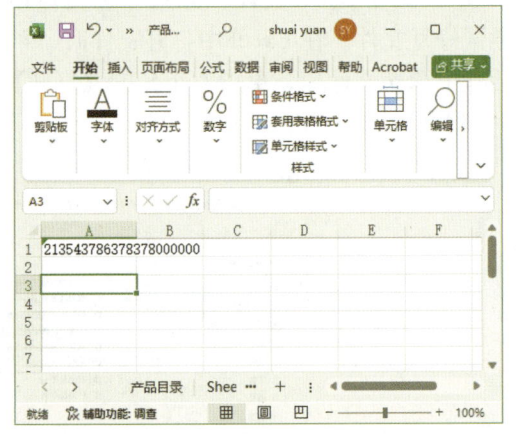

图1-96　　　　　　　　　　　图1-97

通过上述方法，大多数Excel数字乱码的问题都可以得到有效解决。如果以上方法均无效，可能需要考虑是不是Excel软件本身的问题或系统的问题，这时可能需要重新安装Excel或操作系统。

早做完，不加班

扫码获取本章学习素材

第 2 章

高效准确地录入数据

本章知识要点
- 快速输入数据
- 高效填充序号数据
- 输入特定型数据
- 效率倍增案例——数据导入
- AI办公——使用文心一言创建员工资料表

本章主要内容

本章主要介绍高效准确地录入数据的相关知识和操作技巧，主要内容包括快速输入数据、高效填充序号数据、输入特定型数据、数据导入，最后还介绍使用文心一言创建员工资料表的操作方法，并对一些常见的Excel问题进行了解答。

2.1 快速输入数据

在 Excel 中，输入表格数据是一项十分烦琐的操作，除了常规的输入方法外，如果能掌握一些输入技巧，则可以极大地提高工作效率。本节将详细介绍一些快速输入数据的相关知识及操作方法。

2.1.1 快速输入当前时间和日期

对于经常做流水账，需要大量输入当前日期的用户来说，一个个地输入当前日期，会花费大量的时间。Excel 提供了快速输入当前时间和日期的快捷键，可以大大提高工作效率。

<< 扫左侧二维码可获取本小节配套视频课程

第 1 步 输入当前时间：按【Ctrl】+【Shift】+【;】快捷键，可以快速输入当前时间，如图 2-1 所示。

第 2 步 输入当前日期：按【Ctrl】+【;】快捷键，可以快速输入当前日期，如图 2-2 所示。

图 2-1

图 2-2

知识拓展

使用快捷键输入或直接输入的日期和时间，其数值不会变，不管何时打开文档，显示的日期和时间都是之前输入的值。如果需要日期和时间显示为打开 Excel 时的日期和时间，可以使用函数来实现，具体方法如下：选择准备输入当前日期和时间的单元格，输入"=NOW()"，按【Enter】键，即可看到显示了当前的日期和时间。如果要仅显示时间，可以选择准备输入时间的单元格，按【Ctrl】+【1】快捷键，在【设置单元格格式】对话框中设置格式为【时间】即可。选择准备输入日期的单元格，输入"=TODAY()"，按【Enter】键，即可仅显示操作时的日期。

2.1.2 把数据批量填充到不同的单元格中

在实际工作中,为了提高工作效率,加快数据的录入速度,还需要掌握一些批量输入数据的技巧。快速输入大量数据常用的技巧就是使用【填充】功能。下面详细介绍【填充】功能在编辑表格数据过程中的应用技巧。

<< 扫左侧二维码可获取本小节配套视频课程

第1步 打开本例的素材文件"加班记录表.xlsx",除了已经填充"平常日"文字的区域,其他区域都需要填充"公休日"文字。选中数据区域,①选择【开始】选项卡,②单击【编辑】组中的【查找和选择】下拉按钮,③在弹出的下拉列表中选择【定位条件】选项,如图2-3所示。

第2步 弹出【定位条件】对话框,①在【选择】栏中选中【空值】单选项,②单击【确定】按钮,如图2-4所示。

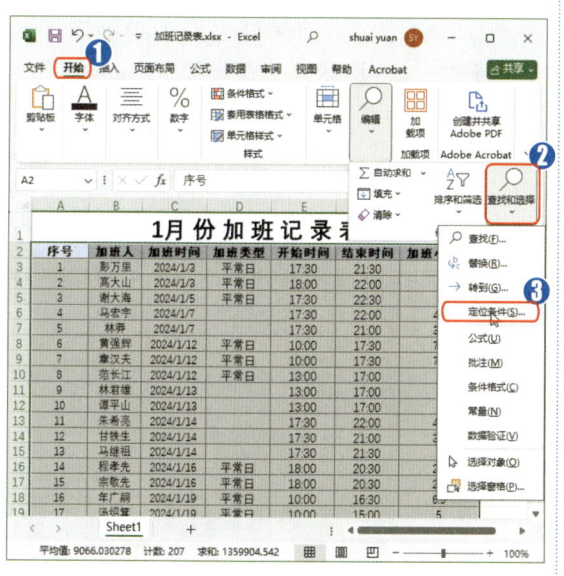

图2-3

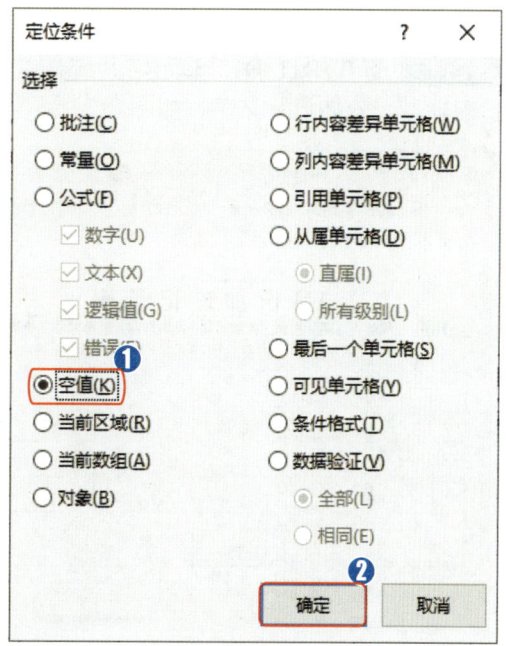

图2-4

第3步 可以看到已经一次性选中指定单元格区域中的所有空值单元格,并在编辑栏中输入"公休日"文字,如图2-5所示。

第4步 按【Ctrl】+【Enter】快捷键,即可完成大块不相连区域相同数据的填充,如图2-6所示。

图 2-5

第 5 步 选中 D11:D15 单元格区域，在编辑栏内输入"公休日"文字，如图 2-7 所示。

图 2-6

第 6 步 按【Ctrl】+【Enter】快捷键，即可完成在连续区域内输入相同数据的操作，如图 2-8 所示。

图 2-7

第 7 步 在 D11 单元格中输入"公休日"文字，将鼠标指针移至单元格右下角，鼠标指针变为黑色"十"字形状，如图 2-9 所示。

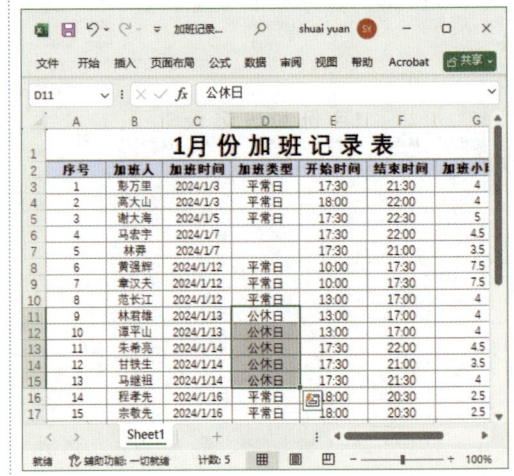

图 2-8

第 8 步 单击并拖动鼠标向下移动至 D15 单元格，即可完成使用自动填充批量输入相同数据的操作，如图 2-10 所示。

图 2-9

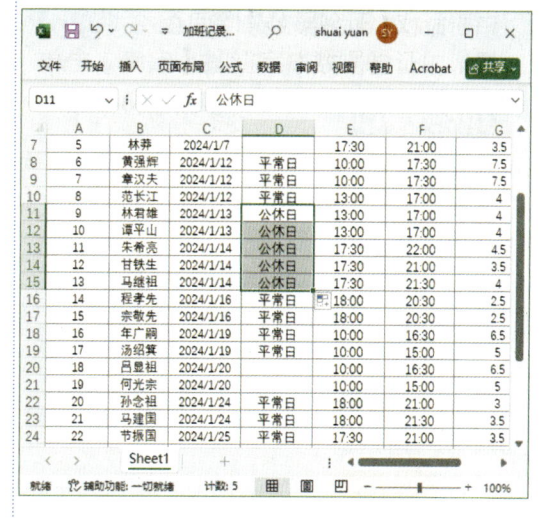

图 2-10

第 9 步 新建空白工作表,在 A1 单元格中输入 "1",在 A2 单元格中输入 "2",选中这两个单元格,将鼠标指针移至单元格右下角,鼠标指针变为黑色 "十" 字形状,如图 2-11 所示。

第 10 步 单击并拖动鼠标向下移动至合适位置,即可完成使用自动填充输入递增序号的操作,如图 2-12 所示。

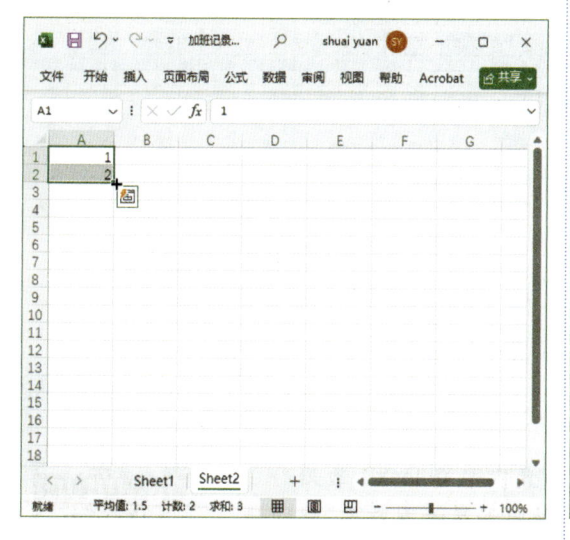

图 2-11

图 2-12

2.1.3 正确输入身份证号码或银行卡号

当输入的数字达到12位时，Excel会以科学记数的方式显示，身份证号码位数大于12位，因此显示不全。本例可以应用在需要输入身份证号码或长编码但无法正确识别的办公场景。

<< 扫左侧二维码可获取本小节配套视频课程

第1步 打开本例的素材文件"员工信息表.xlsx"，选中C3单元格，输入身份证号码，按【Enter】键后会发现不能完全显示数字，如图2-13所示。

第2步 在输入数字前先输入英文状态的"'"（单引号），输入完成后单元格中显示的就是文本内容了，这样位数较多的数字也会正常显示，如图2-14所示。

图 2-13

图 2-14

2.1.4 输入以"0"开头的数字编号

在日常办公中，常常会遇到需要输入编号的情况，当编号数据较多时，我们常常会在编号前加上几个"0"，使其更加醒目。但是，如果输入以"0"开头的数字，Excel会自动省去"0"，如输入"01"，单元格内则只显示1。如果想要保留"0"开头，该怎么输入呢？

<< 扫左侧二维码可获取本小节配套视频课程

第 2 章
高效准确地录入数据

第1步 打开本例的素材文件"员工信息表.xlsx",选中 A3 单元格,先把输入法切换到英文状态,输入一个单引号,再输入以 0 开头的数字,如图 2-15 所示。

第2步 这样即可将内容完全显示出来,如图 2-16 所示。

图 2-15

图 2-16

第3步 选中 A3 单元格,按【Ctrl】+【1】快捷键,打开【设置单元格格式】对话框,设置单元格为【文本】格式,如图 2-17 所示。

第4步 这样也可以在 A3 单元格中直接输入以 0 开头的数字编号,如图 2-18 所示。

图 2-17

图 2-18

知识拓展

在【设置单元格格式】对话框中,选择【自定义】数字分类,在【类型】文本框中输入""0"0",这个类型的含义是在数字前面添加一个 0,也可以修改单引号中 0 的个数,以在数字前面添加所需的 0 的个数。设置完毕后,再次输入以 0 开头的数字时,前面都会显示出 0。

41

2.1.5 快速输入部分重复的内容

本案例表格中的交易流水号前半部分的字母和符号是固定不动的，如 YX21-，后面的数字是当前的交易日期。为了提高交易流水号的输入速度，可以设置自定义数字格式。

<< 扫左侧二维码可获取本小节配套视频课程

第1步 打开本例的素材文件"蔬菜销售表.xlsx"，选中 A3:A15 单元格区域，① 选择【开始】选项卡，② 单击【数字】组中的对话框开启按钮，如图 2-19 所示。

第2步 弹出【设置单元格格式】对话框，① 在【数字】选项卡的【分类】列表框中选择【自定义】选项，② 在【类型】文本框中输入""YX21-"@"，③ 单击【确定】按钮，如图 2-20 所示。

图 2-19

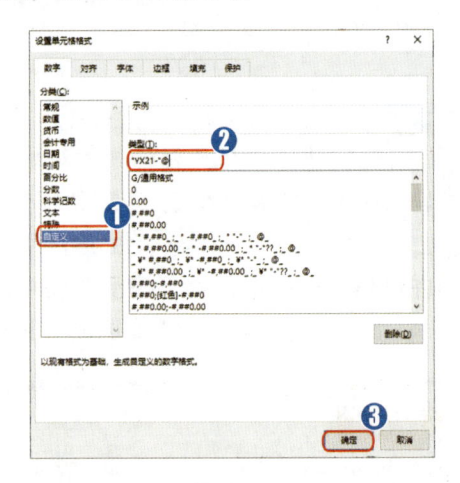

图 2-20

第3步 在 A3 单元格中输入"0602"，按【Enter】键后会自动在前面添加"YX21-"，在设置了格式的单元格中输入数据，可以看到前面都自动添加了"YX21-"，如图 2-21 所示。

※ 经验之谈

当工作中需要输入带有部分重复的数据时，如职员编号、同省市员工的身份证号码（此类号码前几位都是相同的）等，都可以使用该技巧来快速完成重复部分的输入。

图 2-21

2.1.6 快速输入大写汉字数字

在日常工作中，可能会遇到需要输入中文大写金额的场景，特别是一些财务或跟财务相关工作的人员就会经常遇到。下面详细介绍快速输入大写汉字数字的操作方法。

<< 扫左侧二维码可获取本小节配套视频课程

第1步 打开本例的素材文件"蔬菜销售表1.xlsx"，① 选中准备输入大写汉字数字的单元格区域并右击，② 在弹出的快捷菜单中选择【设置单元格格式】命令，如图2-22所示。

第2步 弹出【设置单元格格式】对话框，① 在【数字】选项卡的【分类】列表框中选择【特殊】选项，② 在【类型】区域下方选择【中文大写数字】选项，③ 单击【确定】按钮，如图2-23所示。

图 2-22

图 2-23

第3步 返回到工作表中，可以看到选中的单元格区域的数据全部由阿拉伯数字转换为中文大写，如图2-24所示。

※ **经验之谈**

从具体操作中我们可以看到，类似的操作步骤也可以将阿拉伯数字转换为中文小写。因此，利用此功能就可以方便地实现阿拉伯数字、中文大写、中文小写三者的相互转换。

图 2-24

2.1.7 对手机号码进行分段显示

在我们的日常办公中，经常会在制作表格时收集统计一些手机号码。当我们输入的数字过多时，一堆手机号码容易使人眼花缭乱。因此，使手机号码分段显示，就可以更加方便地进行查看。

<< 扫左侧二维码可获取本小节配套视频课程

第1步 打开本例的素材文件"员工信息表1.xlsx"，① 选中需要分段显示手机号码的单元格区域并右击，② 在弹出的快捷菜单中选择【设置单元格格式】命令，如图2-25所示。

第2步 弹出【设置单元格格式】对话框，① 在【数字】选项卡的【分类】列表框中选择【自定义】选项，② 在【类型】文本框中输入"000-0000-0000"，③ 单击【确定】按钮，如图2-26所示。

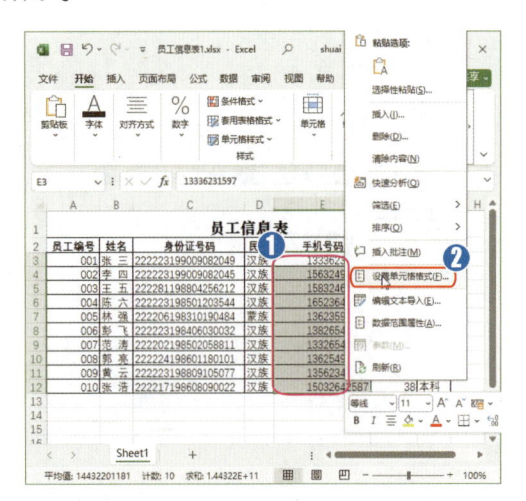

图 2-25

图 2-26

第3步 返回到工作表中，可以看到选中的手机号码已经分段显示了，如图2-27所示。

※ 经验之谈

在【设置单元格格式】对话框中，用户也可以自定义设置各段0的数量，之后单击【确定】按钮即可。

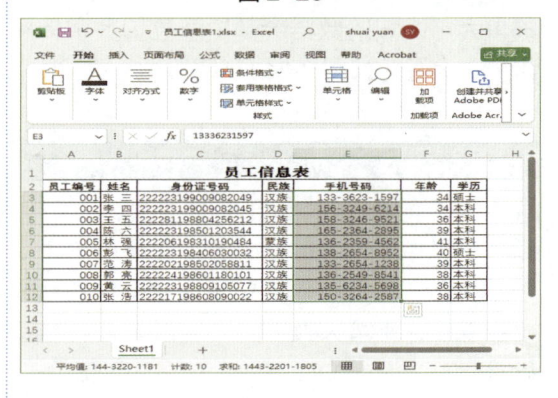

图 2-27

2.1.8 为数据批量添加单位

下面将使用 Excel 自定义数字格式的知识点，为"销售表 .xlsx"中的产品重量批量添加单位。本案例适用于需要批量添加 Excel 未提供的数字格式的工作场景。

<< 扫左侧二维码可获取本小节配套视频课程

第1步 打开本例的素材文件"销售表 .xlsx"，① 选中 B3:B15 单元格区域，② 选择【开始】选项卡，③ 单击【数字】组中的对话框开启按钮，如图 2-28 所示。

第2步 弹出【设置单元格格式】对话框，① 在【数字】选项卡的【分类】列表框中选择【自定义】选项，② 在【类型】文本框中默认显示的是"G/通用格式"，在后面补上"克"，③ 单击【确定】按钮，如图 2-29 所示。

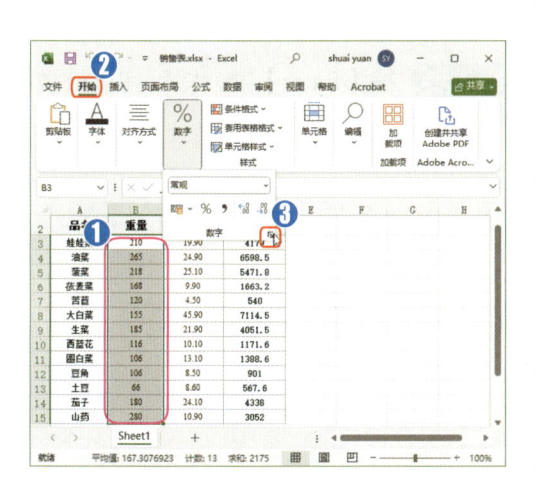

图 2-28

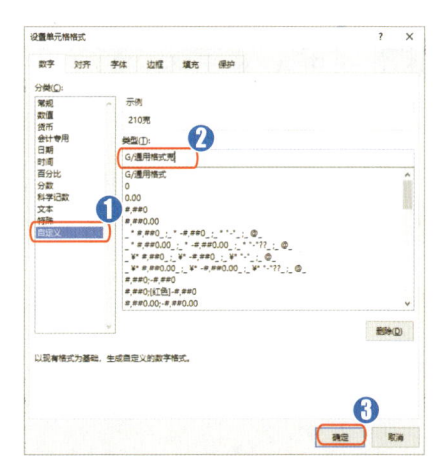

图 2-29

第3步 返回到工作表中，可以看到所有选中单元格区域数据后都添加了重量单位"克"，如图 2-30 所示。通过以上步骤即可完成为数据批量添加单位的操作。

※ 经验之谈

当单元格是默认的【常规】格式时，其数据类型都为"G/通用格式"，因此，在这个"G/通用格式"前后都可以补充文字，让单元格既显示数字又显示文本。

图 2-30

2.1.9　早做完秘籍①——如何输入分数

问： 不能按照常规方式在单元格中输入分数，例如，直接输入"5/9"，Excel 会将输入的数据自动转换成日期，如图 2-31 所示。那么该如何输入分数呢？

答： 首先输入"0"，按空格键，再输入分数即可。

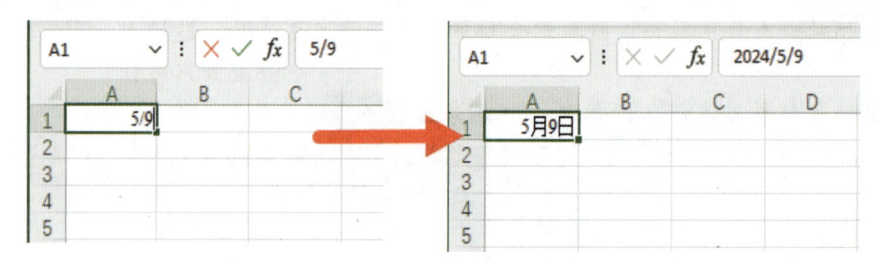

图 2-31

第1步　选中 A1 单元格，输入"0"，按空格键，再输入分数"5/9"，如图 2-32 所示。

第2步　按【Enter】键，即可完成分数的输入，如图 2-33 所示。

图 2-32

图 2-33

2.1.10　早做完秘籍②——手写输入数学公式

问： 在 Excel 中输入复杂的数学公式，是很麻烦的一件事，怎样才能方便地输入数学公式呢？

答： 从 Excel 2016 开始，Excel 就新增了一个【墨迹公式】功能，用户可以利用鼠标或者触屏笔像在本子上写字一样，很方便地输入数学公式。

第 2 章 高效准确地录入数据

第1步 选中需要插入公式的单元格，① 在【插入】选项卡中单击【符号】下拉按钮，② 单击【公式】下拉按钮，③ 选择【墨迹公式】选项，如图 2-34 所示。

第2步 弹出【数学输入控件】对话框，① 在文本框中输入公式，如果发现预览框中的公式符号和文本框中的不符，还可以单击【选择和更正】按钮进入更正状态，② 若没有问题则单击【插入】按钮，如图 2-35 所示。

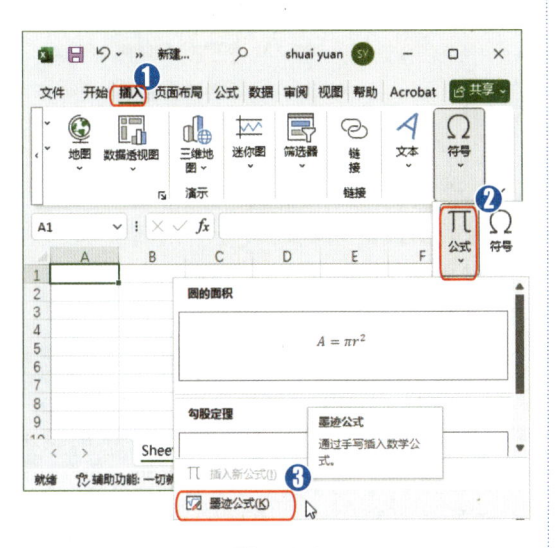

图 2-34

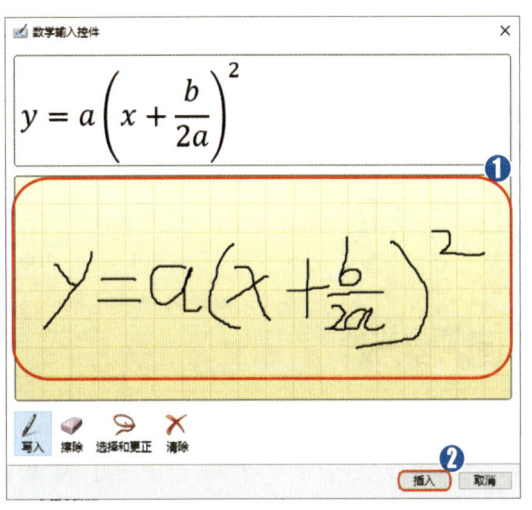

图 2-35

第3步 返回表格中，可以看到已经插入了公式，如图 2-36 所示。

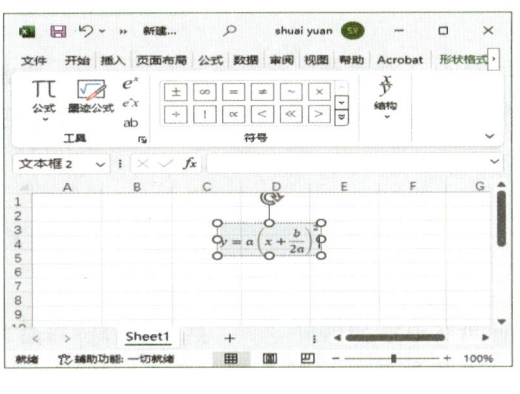

图 2-36

※ 经验之谈

使用【墨迹公式】功能完成公式输入后，如果需要调整公式，可以选中输入的公式后，在【工具】组中选择相同的命令进行修改。

知识拓展

数学输入控件的识别是始终假设，输入的公式必须是完整的。如果输入没有结束，未完成的部分也许会识别不正确，此时不必在意，写完自然识别正确。

2.2 高效填充序号数据

在表格中录入数据时，经常需要录入各种各样的序号、编号以及与时间相关的序列。Excel 提供了一个自动填充的功能，用于批量填充各种序号数据，既简单又便捷。本节将详细介绍高效填充序号数据的相关知识及操作方法。

2.2.1 序列填充

如果数据比较多，且对序列的生成有明确的数量、间隔要求，则可以在【序列】对话框中先设置好条件，按照指定的条件自动生成序列。例如，本例想要自动生成 1~30 的序号，操作步骤如下。

<< 扫左侧二维码可获取本小节配套视频课程

第 1 步 ① 选中数字"1"所在的单元格，② 选择【开始】选项卡，③ 单击【编辑】组中的【填充】下拉按钮，④ 在弹出的下拉列表中选择【序列】选项，如图 2-37 所示。

第 2 步 弹出【序列】对话框，① 将序列方向设置为【列】，② 将【类型】设置为【等差序列】，③ 将【步长值】设置为 1，【终止值】设置为 30，④ 单击【确定】按钮，即可自动生成 1~30 的序号，如图 2-38 所示。

图 2-37

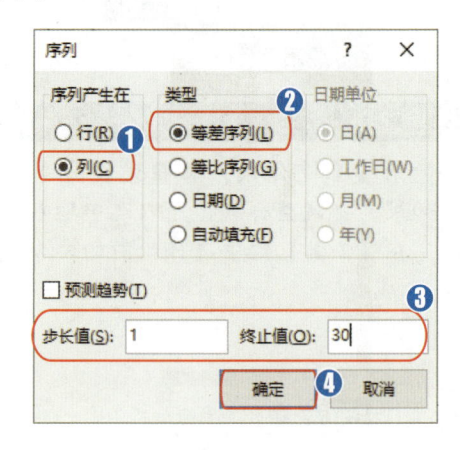

图 2-38

2.2.2 使用自定义序列录入文本序号

如果要对某些有固定顺序的文本进行排序，那么使用 Excel 内置的排序方式根本无法实现。例如，对中文名次进行排序等。要批量录入这种自带逻辑关系的数据，需要使用编辑自定义列表的功能。

<< 扫左侧二维码可获取本小节配套视频课程

第1步 选择【文件】选项卡，然后选择【选项】选项，如图 2-39 所示。

第2步 弹出【Excel 选项】对话框，① 选择【高级】选项，② 将右侧滚动条拖曳到最下方，单击【编辑自定义列表】按钮，如图 2-40 所示。

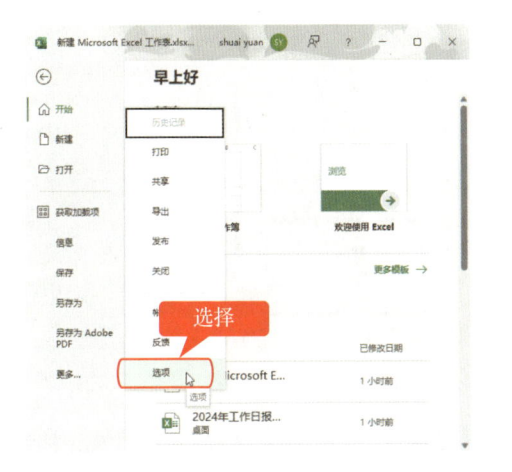

图 2-39

图 2-40

第3步 弹出【自定义序列】对话框，① 在【输入序列】区域中输入第一名至第十名，名次之间换行隔开，② 输入完毕后，单击【添加】按钮，③ 单击【确定】按钮，如图 2-41 所示。

第4步 设置完毕后，使用拖曳填充的方法就可以填充文本序号了，如图 2-42 所示。

图 2-41

图 2-42

49

2.2.3 早做完秘籍 ③——如何为合并单元格快速填充序号

问： 如果合并单元格的大小都相同，在填充序号时和普通单元格没有太大区别，可以参考前面的内容，先预填写两个序号，然后拖曳鼠标填充。比较麻烦的是大小不一的合并单元格，在拖曳填充序号的时候会提示"若要执行此操作，所有合并单元格需大小相同"，无法填充序号，如图 2-43 所示。那么该如何解决这个问题呢？

答： 针对这种大小不一的合并单元格，只能借助函数公式来实现序号的批量填充了，具体操作步骤如下。

图 2-43

第 1 步 打开本例的素材文件"销售表1.xlsx"，选择 F3 单元格，在编辑栏中输入公式"=COUNTA($E$3:E3)"，如图 2-44 所示。

第 2 步 选择所有要填充序号的单元格区域 F3:F15，然后将光标置于编辑栏中，按快捷键【Ctrl】+【Enter】批量填充公式到选定区域，即可填充连续的序号，如图 2-45 所示。

图 2-44

图 2-45

知识拓展

公式的原理是：统计当前单元格上方非空单元格的数量，随着公式向下填充，上方非空单元格的数量会逐渐递增，最后实现了序号填充的效果。

2.2.4 早做完秘籍 ④——如何在新增行、删除行时保持序号不变

问： 新增行、删除行是编辑表格时常进行的操作，但是这样操作之后，表格的序号就会变得不连续，需要重新填充，影响工作效率。如何能够在新增行或删除行之后，让序号依然保持连续呢？如图 2-46 所示。

答： 这需要结合 ROW 函数和智能表格功能来实现，具体的操作步骤如下。

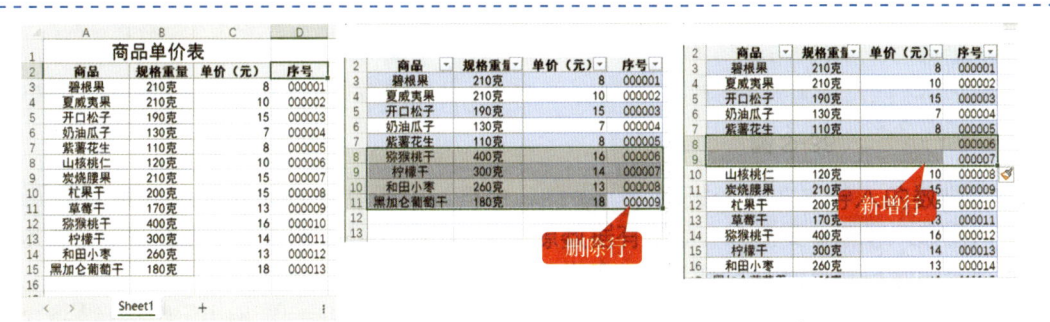

图 2-46

第 1 步 打开本例的素材文件"商品单价表 .xlsx"，① 选择 D3 单元格，② 在编辑栏中输入公式"=ROW()-2"，按【Enter】键，如图 2-47 所示。

第 2 步 将鼠标指针放在单元格右下角，当鼠标指针变成 ✚ 形状时，双击这个加号，如图 2-48 所示。

图 2-47

图 2-48

第3步 这样即可快速完成填充公式的操作，如图2-49所示。

图2-49

第4步 选中单元格区域A2:D15，按快捷键【Ctrl】+【T】，弹出【创建表】对话框，单击【确定】按钮，如图2-50所示。

图2-50

第5步 将表格转换为智能表格，这样在新增行或删除行时，公式可以自动填充到单元格中，如图2-51所示。

图2-51

第6步 设置完成后，尝试删除行，可以看到序号自动更新了，如图2-52所示。

图2-52

第7步 尝试新增行，也可以看到序号自动更新了，如图2-53所示。

※ 经验之谈

ROW函数用来获取当前单元格所对应的行号，因为案例中的公式是从D3单元格开始编写的，公式"=ROW()"返回的是3，所以改成"=ROW()-2"，才能满足从1开始的需求。将数据表转换为智能表格的目的，是利用智能表格可以自动扩展区域的特性，实现ROW函数的自动填充，保持序号的连续。

图2-53

2.3 输入特定型数据

在录入或导入数据的过程中，难免会有错误的或不符合要求的数据出现，Excel 提供了一种功能可以对输入数据的准确性和规范性进行控制，这种功能称为数据验证。其控制方法包括两种：一种是限定单元格的数据输入条件，在用户输入的环节上进行验证；另一种是在现有的数据中进行有效性校验，在数据输入完成后再进行把控。

2.3.1 设置数据输入的条件

本例将对选定的单元格区域设置输入条件，该方法可以应用在需要限制输入条件的工作场景。

<< 扫左侧二维码可获取本小节配套视频课程

第 1 步　① 选中 A1:A5 单元格区域，② 选择【数据】选项卡，③ 单击【数据工具】组中的【数据验证】按钮，如图 2-54 所示。

第 2 步　弹出【数据验证】对话框，① 在【设置】选项卡的【允许】下拉列表框中选择【整数】选项，② 在【数据】下拉列表框中选择【介于】选项，③ 在【最小值】和【最大值】文本框中输入数值，④ 单击【确定】按钮，如图 2-55 所示。

图 2-54

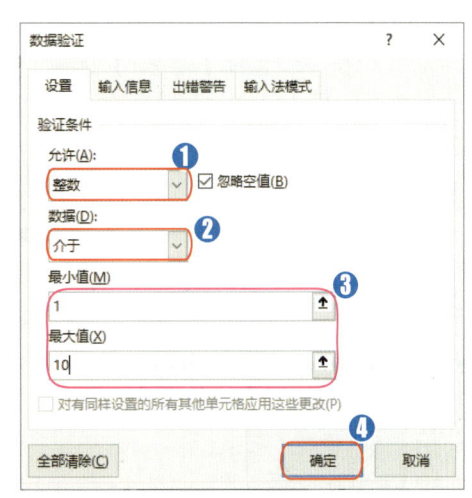

图 2-55

第3步 设置完成后，如果在 A1:A5 区域的任意单元格中输入超出 1~10 的数值，或是输入整数以外的其他数据类型，系统都会自动弹出警告对话框，阻止用户输入，如图 2-56 所示。

※ **经验之谈**

数据验证功能仅能对手动输入的数据进行有效性验证，对于单元格的直接复制或外部数据导入则无法形成有效控制。

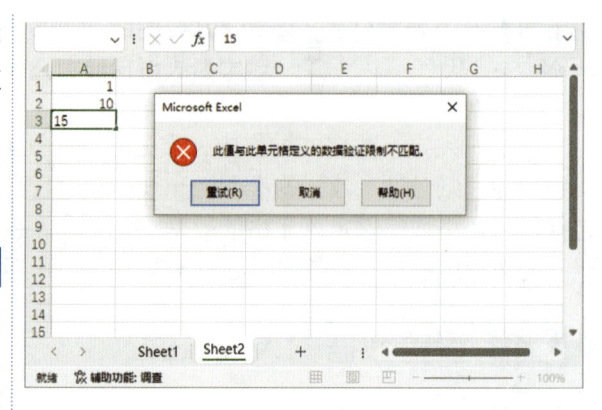

图 2-56

2.3.2 制作下拉列表，提高录入效率

将那些经常使用、不会频繁变动的数据设置成下拉列表，不仅能够提高输入效率，还能有效限定填写内容，确保这些内容符合规范。下拉列表的制作思路是将分类项目单独放在一份参数表中，然后通过数据验证功能引用这些参数并将其作为数据源，具体设置方法如下。

<< 扫左侧二维码可获取本小节配套视频课程

第1步 打开本例的素材文件"成绩考核表.xlsx"，① 选中要设置条件格式的单元格区域 C2:E11，② 选择【数据】选项卡，③ 单击【数据工具】组中的【数据验证】按钮，如图 2-57 所示。

第2步 弹出【数据验证】对话框，① 将【验证条件】中的【允许】设置为【序列】，② 单击【来源】文本框右侧的折叠按钮，如图 2-58 所示。

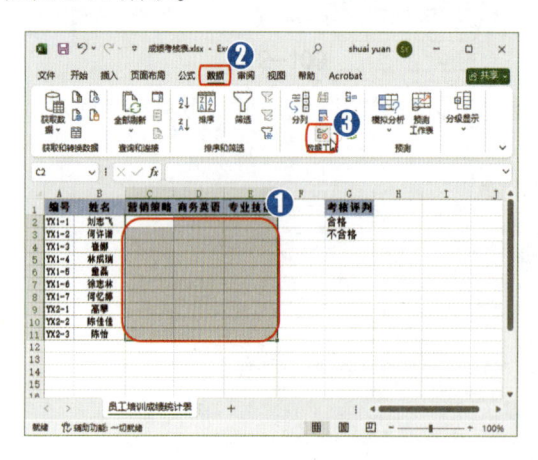

图 2-57

图 2-58

第 2 章
高效准确地录入数据

第3步 返回到工作表中，① 拖曳鼠标选定提前准备好的 G2:G3 单元格区域，② 单击【数据验证】窗格中的展开按钮，如图 2-59 所示。

第4步 返回到【数据验证】对话框中，单击【确定】按钮完成数据验证的设置，如图 2-60 所示。

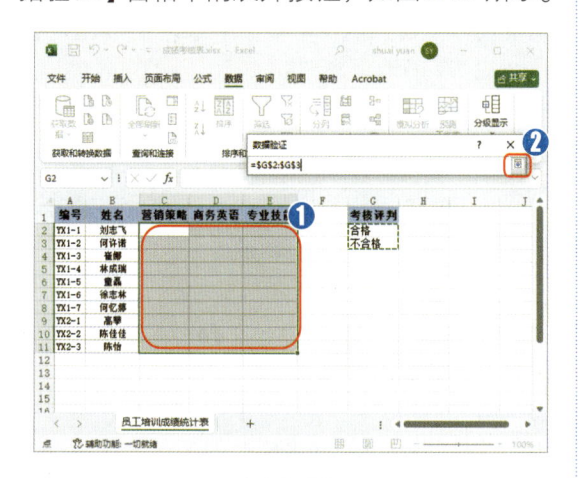

图 2-59

图 2-60

第5步 这样就可以通过选择下拉列表中的选项来完成数据的录入，效果如图 2-61 所示。

※ 经验之谈

下拉列表适用于录入那些经常使用、不会频繁变动的数据。例如部门、产品类别、型号、省市等相对固定的分类信息，都可以利用下拉列表限定输入的内容。

图 2-61

2.3.3 使用公式设置验证条件

仅靠 Excel 程序内置的验证条件，只能解决一部分数据输入限制的问题，若想更加灵活地控制数据的输入，需要通过公式设置验证条件。本案例将介绍使用公式为"商品单价表.xlsx"设置输入单价必须包含两位小数的操作方法。

<< 扫左侧二维码可获取本小节配套视频课程

55

第1步 打开本例的素材文件"商品单价表.xlsx"，①选中C3:C15单元格区域，②选择【数据】选项卡，③单击【数据工具】组中的【数据验证】按钮，如图2-62所示。

第2步 弹出【数据验证】对话框，①在【设置】选项卡的【允许】下拉列表框中选择【自定义】选项，②在【公式】文本框中输入公式，③单击【确定】按钮，如图2-63所示。

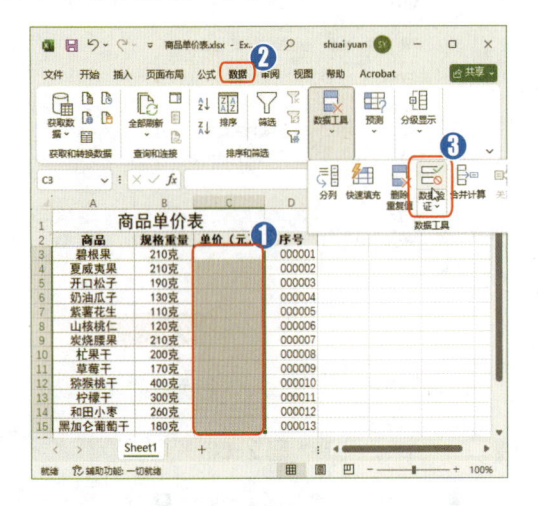

图 2-62

图 2-63

第3步 返回到数据表中，当输入数据的小数位数不是两位时就会自动弹出提示框，如图2-64所示。

※ 经验之谈

本例公式"=LEFT(RIGHT(C3,3),1)=".""的意思是：首先使用 RIGHT 函数从 C3 单元格中数据的右侧提取 3 个字符；然后使用 LEFT 函数从上步结果的左侧提取 1 个字符，判断其是不是小数点"."，如果是就满足条件，否则不满足条件。

图 2-64

2.3.4 设置智能输入提示

如果表格数据输入有一定的要求，可以在【数据验证】对话框中设置【输入信息】选项。本案例将介绍为"招聘要求表"设置智能输入提示的具体方法。

<< 扫左侧二维码可获取本小节配套视频课程

第 2 章
高效准确地录入数据

第1步 打开本例的素材文件"招聘要求表.xlsx",①选中D2:D12单元格区域,②选择【数据】选项卡,③单击【数据工具】组中的【数据验证】按钮,如图2-65所示。

第2步 弹出【数据验证】对话框,①在【输入信息】选项卡的【输入信息】文本框中输入提示内容,②单击【确定】按钮,如图2-66所示。

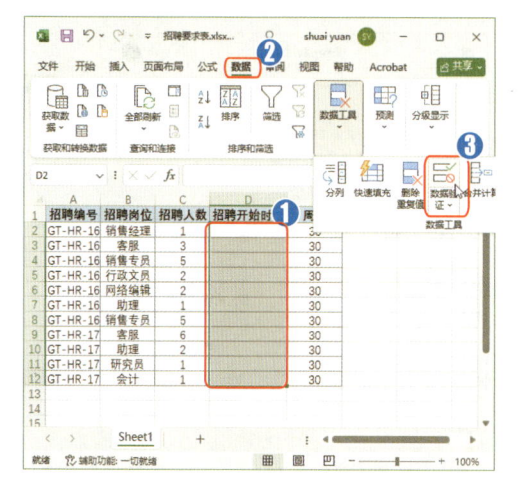

图 2-65

图 2-66

第3步 返回到数据表中,当鼠标指针指向单元格时会显示提示信息,如图2-67所示。

※ 经验之谈

如果想要删除提示信息,在【数据验证】对话框的【输入信息】选项卡中单击【全部清除】按钮,再单击【确定】按钮即可。

图 2-67

2.3.5 复制数据验证到不同表格

本案例将介绍复制"销售员招聘表"中的数据验证至"客服招聘表"的操作方法。该方法适用于新表格需要应用和其他表格相同的数据验证的工作场景。

<< 扫左侧二维码可获取本小节配套视频课程

57

第1步　打开与本节标题名称相同的工作簿素材文件，在"销售员招聘表"中选中 F2:F10 单元格区域，按【Ctrl】+【C】快捷键复制数据验证，如图 2-68 所示。

第2步　切换至"客服招聘表"，选中 F2:F12 单元格区域，按【Ctrl】+【Alt】+【V】组合键进行选择性粘贴，如图 2-69 所示。

图 2-68

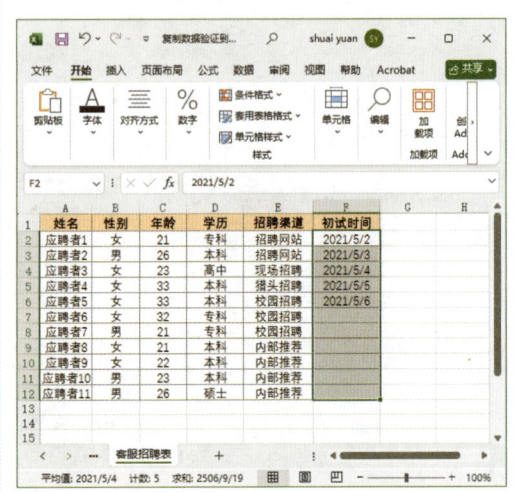

图 2-69

第3步　弹出【选择性粘贴】对话框，① 在【粘贴】栏中选中【验证】单选项，② 单击【确定】按钮，如图 2-70 所示。

第4步　可以看到在"客服招聘表"中，选中的单元格区域已经添加了相同的数据验证，如图 2-71 所示。

图 2-70

图 2-71

2.3.6 早做完秘籍 ⑤——如何制作可以自动更新的二级下拉列表

问： 在填写地址信息时，使用下拉列表可以提高输入效率。但是本例的城市名称非常多，在下拉列表中选择时就比较麻烦。如何让 B 列的下拉列表能够根据 A 列的省份显示对应的城市，制作一个二级下拉列表呢？如图 2-72 所示。

答： 制作二级下拉列表，本质上就是给下拉列表构建动态的选项区域。需要结合 INDIRECT 函数来实现，具体操作步骤如下。

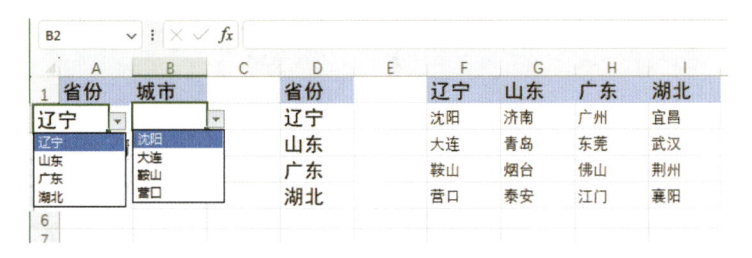

图 2-72

第 1 步 打开本例的素材文件"二级下拉列表.xlsx"，首先为"省份"列添加一级下拉列表。① 选择 A2:A10 单元格区域，② 选择【数据】选项卡，③ 单击【数据工具】组中的【数据验证】按钮，如图 2-73 所示。

第 2 步 弹出【数据验证】对话框，① 单击【允许】右侧的下拉按钮，在弹出的下拉列表中选择【序列】选项，② 单击【来源】右侧的展开按钮，如图 2-74 所示。

图 2-73

图 2-74

第3步 返回到工作表中，① 选择省份信息所在的单元格区域 D2:D5，② 单击【数据验证】窗格中的展开按钮，如图 2-75 所示。

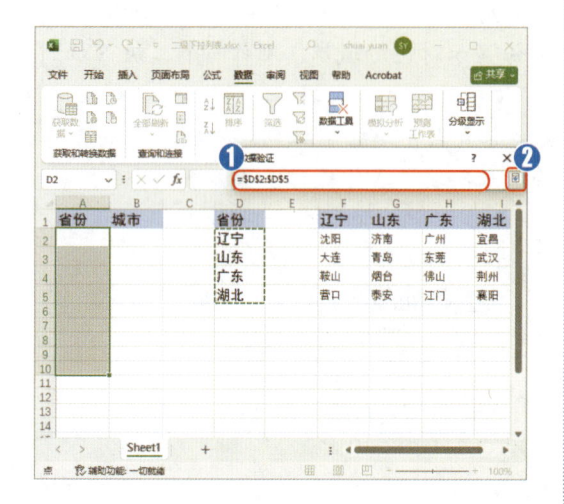

图 2-75

第4步 返回到【数据验证】对话框中，单击【确定】按钮完成数据验证的设置，如图 2-76 所示。

图 2-76

第5步 接下来创建二级下拉列表。① 选择二级下拉列表内容对应的单元格区域 F1:I5，② 选择【公式】选项卡，③ 单击【定义的名称】组中的【根据所选内容创建】按钮，如图 2-77 所示。

图 2-77

第6步 弹出【根据所选内容创建名称】对话框，① 勾选【首行】复选框，② 单击【确定】按钮，如图 2-78 所示。

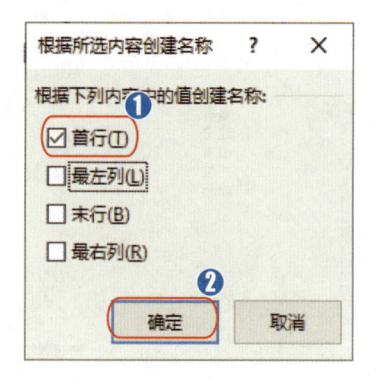

图 2-78

第 2 章
高效准确地录入数据

第 7 步　设置完自定义名称后，① 选择 B2:B10 单元格区域，② 选择【数据】选项卡，③ 单击【数据工具】组中的【数据验证】按钮，如图 2-79 所示。

第 8 步　弹出【数据验证】对话框，① 单击【允许】右侧的下拉按钮，在弹出的下拉列表中选择【序列】选项，② 在【来源】编辑框中输入公式"=INDIRECT($A2)"，③ 单击【确定】按钮，如图 2-80 所示。

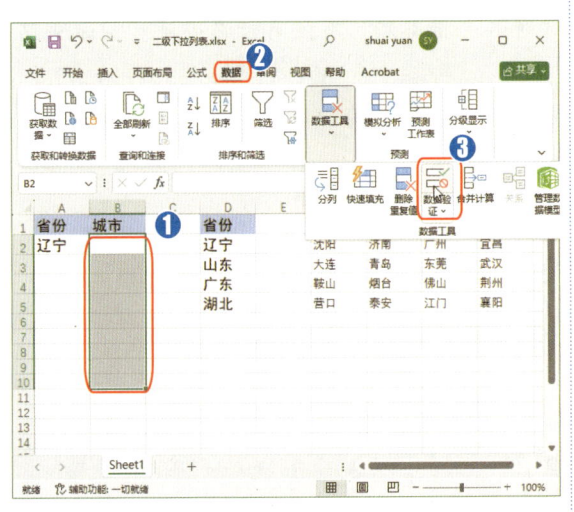

图 2-79

图 2-80

第 9 步　这样即可完成二级下拉列表的设置，让 B 列的下拉列表能够根据 A 列的省份显示对应的城市，如图 2-81 和图 2-82 所示。

图 2-81

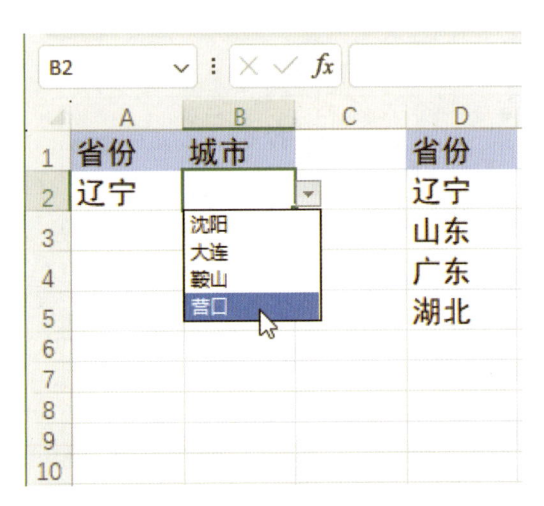

图 2-82

61

2.3.7 早做完秘籍 ⑥——只允许输入某范围的标准日期

问： 有的公司分工并不十分明确，谁有时间就去输入明细表。但是每个人的输入方法可能不一样，很难保证所输入的数据格式都正确。以日期 2024/1/1 为例，输入的数据格式大概有以下几种：1/1、20240101、2024.1.1 和 2024-1-1，如图 2-83 所示。如果没有按照统一的日期格式输入数据，那么在实际汇总的时候会很麻烦，有没有什么办法可以避免这种情况发生呢？

答： 可以利用数据验证来控制，只要输入了不正确的数据格式就让录入者重新输入，具体操作步骤如下。

图 2-83

第 1 步 打开本例的素材文件"允许输入某范围的日期.xlsx"，① 选择 A2:A5 单元格区域，② 选择【数据】选项卡，③ 单击【数据工具】组中的【数据验证】按钮，如图 2-84 所示。

第 2 步 弹出【数据验证】对话框，① 单击【允许】右侧的下拉按钮，在弹出的下拉列表中选择【日期】选项，② 设置【开始日期】和【结束日期】，如图 2-85 所示。

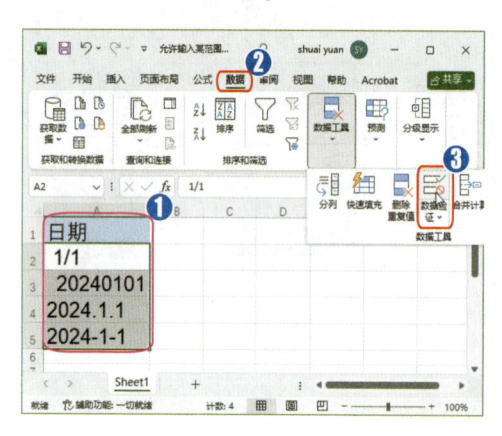

图 2-84

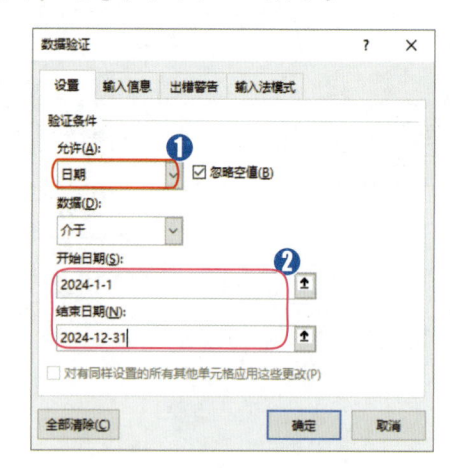

图 2-85

第 2 章
高效准确地录入数据

第3步 ① 切换到【出错警告】选项卡，② 在【错误信息】编辑框中输入出错警告信息，③ 单击【确定】按钮，如图 2-86 所示。

第4步 设置完成后，再也不用担心别人会输入不同格式的数据了。当输入的数据格式出错时会提示重新输入，如图 2-87 所示。

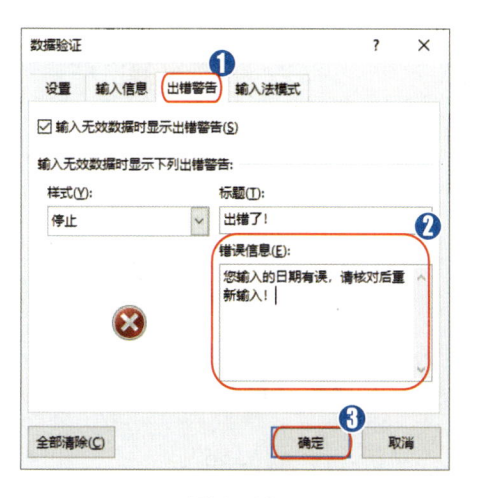

图 2-86

图 2-87

2.4 效率倍增案例——数据导入

如果需要使用图片、PDF 文件或网页中的数据，那么应该如何把这些数据导入 Excel 中制作成表格呢？其实我们可以借用外部工具来完成这些工作。本节将详细介绍数据导入的相关知识及操作方法。

2.4.1 将图片和 PDF 数据录入 Excel

如果要从图片中读取数据以制作成表格，可以使用光学字符识别（optical character recognition，OCR）工具。下面详细介绍将图片和 PDF 数据录入 Excel 的操作方法。

<< 扫左侧二维码可获取本小节配套视频课程

第1步 打开微信，① 在搜索框中输入"ocr"进行搜索，选择合适的小程序，② 这里以【夸克扫描王】为例，如图 2-88 所示。

第2步 打开小程序后选择【图片转 Excel】，如图 2-89 所示。

图 2-88

图 2-89

第 3 步 在弹出的对话框中可以选择【聊天导入】、【拍照】、【相册导入】等方式，这里使用【相册导入】方式，如图 2-90 所示。

第 4 步 ① 选择准备扫描的图片，② 点击【完成】按钮，如图 2-91 所示。

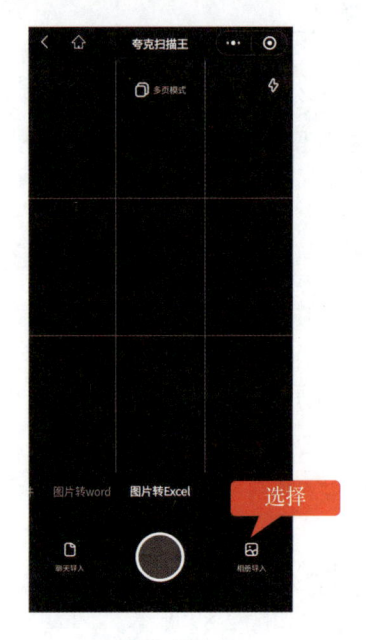

图 2-90

图 2-91

第 2 章
高效准确地录入数据

第 5 步　进入【正在处理图片】界面，用户需要在线等待一段时间，让系统处理图片信息，如图 2-92 所示。

第 6 步　图片处理完成后，进入【调整图片】界面，① 拖动矩形框的锚点，调整图片扫描区域，② 点击【确定】按钮，如图 2-93 所示。

图 2-92

图 2-93

第 7 步　识别完毕后可以预览扫描的结果，① 点击右上角的【…】按钮，② 选择【保存到手机】选项，如图 2-94 所示。

第 8 步　即可得到转换后的 Excel 文件，PC 端收到转发的文件后，用 Excel 软件打开并进行后续的整理工作，如图 2-95 所示。

图 2-94

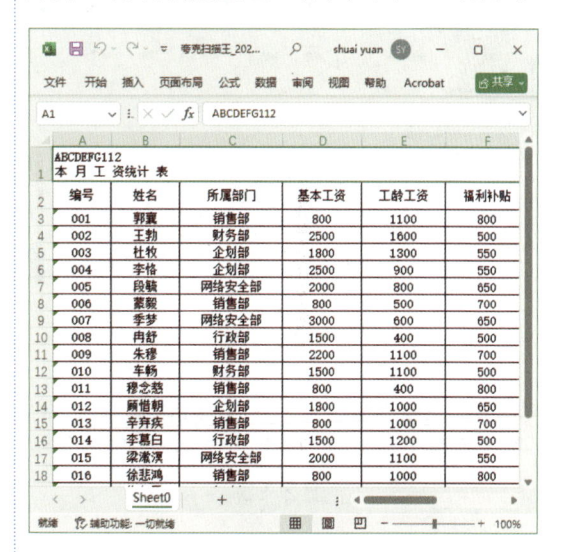

图 2-95

65

早做完，不加班
Excel 数据处理效率手册

知识拓展

微信 OCR 小程序更新迭代较快，因此不必固定使用某一款小程序，适合的才是最好的，不妨自己动手多测试几款小程序。

PDF 文件分为两种：一种是由原始表格转换成的 PDF 文件，这时可以通过复制的方法，把文件中的数据复制到 Excel 中，复制时要注意覆盖全部数据；另一种是由图片转换成的 PDF 文件，该类型的数据无法直接复制，但可以先通过另存或截屏操作把表格区域存成图片，再用识图工具提取数据。

2.4.2 将网页数据导入 Excel

很多情况下，要把一个网页里的数据导入 Excel 中，只需在【数据】选项卡中进行获取外部数据相关的操作就可以了。

<< 扫左侧二维码可获取本小节配套视频课程

第1步 ① 选择【数据】选项卡，② 单击【获取和转换数据】组中的【自网站】按钮，如图 2-96 所示。

第2步 弹出【从 Web】对话框，① 将网址粘贴到地址栏中，② 单击【确定】按钮，如图 2-97 所示。

图 2-96

图 2-97

第 2 章
高效准确地录入数据

第3步 建立链接后，① 勾选【导航器】对话框中的【选择多项】复选框和【表9】、【表12】复选框，② 单击【加载】按钮，如图2-98所示。

第4步 加载完毕后，单击【数据】选项卡中的【查询和连接】按钮，在表格右侧打开的【查询&连接】面板中可以找到刚才保存的网页表格数据，双击该链接，如图2-99所示。

图 2-98

图 2-99

第5步 进入PowerQuery编辑器中，用户可以进一步整理数据，如图2-100所示。

第6步 通过这种方式导入的数据，如果源数据有变动，不需要重新导入数据，只需单击【全部刷新】按钮就能自动同步数据，如图2-101所示。

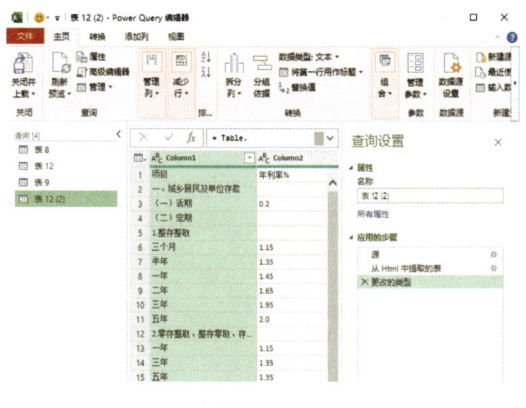

图 2-100

图 2-101

知识拓展

由于代码的兼容问题，个别网页中的数据可能无法导入，如果不懂编程技术，可以通过复制操作导入这些数据。在【数据】选项卡中能够看到，Excel还支持从文本/CSV文件、Access数据文件、XML文件等类型的数据源中导入数据。

67

2.4.3 将表格转换成 PDF 文件交付用户

如果需要将文件发送给别人，为了避免数据内容被改很多时候都会将 Excel 文件转换为 PDF 格式。下面详细介绍将表格转换成 PDF 文件的操作方法。

<< 扫左侧二维码可获取本小节配套视频课程

第1步 打开准备转换成 PDF 格式的工作表后，① 选择【文件】→【导出】选项，② 选择【创建 Adobe PDF】选项，③ 单击【创建 Adobe PDF】按钮，如图 2-102 所示。

第2步 弹出 Acrobat PDFMaker 对话框，① 在【转换范围】区域下方选中【整个工作簿】单选项，② 单击【转换为 PDF】按钮，如图 2-103 所示。

图 2-102

图 2-103

第3步 弹出【另存 Adobe PDF 文件为】对话框，① 设置导出位置，② 设置文件名，③ 单击【保存】按钮，如图 2-104 所示。

第4步 完成转换后，系统会自动打开转换的 PDF 文件，这样即可完成将表格转换成 PDF 文件的操作，如图 2-105 所示。

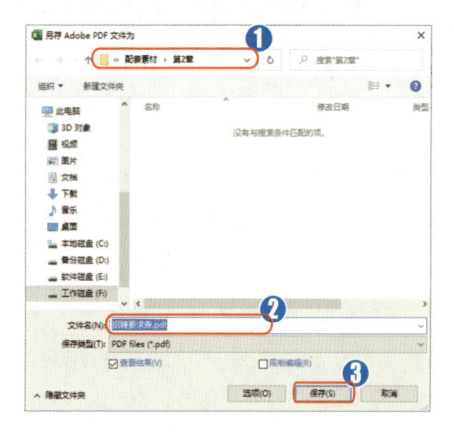

图 2-104

图 2-105

2.5 AI办公——使用文心一言创建员工资料表

文心一言可以根据我们提供的指令生成各种文本内容。用户可以借助它强大的生成能力，来快速生成我们需要的表格内容，本例详细介绍使用文心一言创建一份员工资料表的操作方法。

<< 扫左侧二维码可获取本小节配套视频课程

第1步 打开浏览器，输入网址"https://yiyan.baidu.com/"，进入文心一言网站，① 在文心一言对话框中输入如图 2-106 所示的指令，② 单击【发送】按钮。

第2步 文心一言会根据用户发送的指令，自动生成一些表格数据及提示信息，如图 2-107 所示。最后用户只需要把生成的文本内容复制到 Excel 里，稍微调整一下内容和格式，就能得到一份完整的员工资料表格。

图 2-106

图 2-107

2.6 不加班问答实录

本章主要介绍了一些录入数据的实用技巧，这些技巧在实际工作中的使用频率较高，看似简单却又鲜为人知。本节将对办公过程中一些常见的 Excel 问题进行解答，从而提高用户使用 Excel 处理数据的效率。

2.6.1 如何输入生僻字

在日常使用 Excel 办公的过程中，我们可能会遇到需要输入生僻字的场景。既不知道生僻字的读音，也不懂五笔输入法，这该怎么办呢？如图2-108所示，用户需要在B13单元格内输入"王㝎"，第二个字就是生僻字，那么该如何输入该字呢？

图2-108

首先，在单元格中输入和生僻字部首相同的文字，如"徐"，并选中，然后在【插入】选项卡中单击【符号】组中的【符号】按钮，如图2-109所示。

弹出【符号】对话框，接着，在列表框中找到并选中"㝎"字，单击【插入】按钮，如图2-110所示。

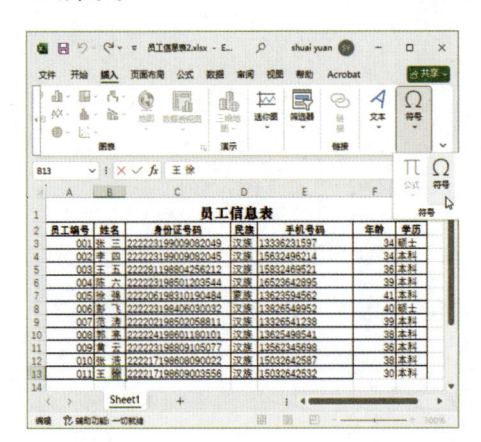

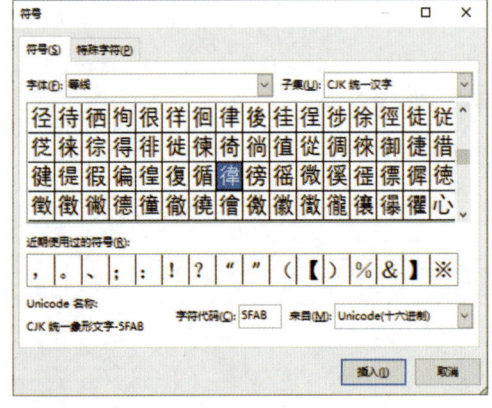

图2-109　　　　　　　　　　　　　图2-110

返回到表格中，可以看到已经输入了生僻字"㝎"，如图2-111所示。

图2-111

2.6.2 如何批量输入负数

在日常办公的过程中，经常会遇到需要录入大量负数的场景，如图 2-112 所示。这时就需要不断地重复输入负号，工作量非常大。那么，如何批量输入负数呢？

首先输入辅助数字"-1"，选中 E3 单元格，按【Ctrl】+【C】快捷键进行复制，再选中 C2:C13 单元格区域，单击【开始】选项卡下【剪贴板】组中的【粘贴】下拉按钮，在弹出的下拉列表中选择【选择性粘贴】选项，如图 2-113 所示。

弹出【选择性粘贴】对话框，在【运算】区域选中【乘】单选项，然后单击【确定】按钮，如图 2-114 所示。

图 2-112

图 2-113

图 2-114

返回到工作表中，发现选中单元格区域中的数字都进行了乘以"-1"处理，从而批量快速地得到负数形式，如图 2-115 所示。

图 2-115

2.6.3 如何提示用户更好地理解和处理数据

在 Excel 中，我们可以根据需要给某些单元格添加批注，如图 2-116 所示。批注是一种附加到单元格上的注释或说明，通常用于提供有关单元格内容的额外信息，以便更好地理解和处理数据。添加批注的方法如下。

图 2-116

打开需要添加批注的工作表后，选中准备添加批注的单元格，然后选择【审阅】选项卡，单击【批注】组中的【新建批注】按钮，如图 2-117 所示。

表格中添加了批注文本框，在文本框中输入批注内容，如图 2-118 所示。

图 2-117　　　　　　　　　　　图 2-118

输入完成后，单击表格任意位置即可将批注隐藏，可以看到添加了批注的单元格右上角有一个红色三角标志，如图 2-119 所示。

图 2-119

早做完，不加班

扫码获取本章学习素材

第 3 章

处理与设置数据格式

本章知识要点
- 调整表格中的数据
- 批量查找与修改数据
- 设置表格数据格式
- 效率倍增案例——排序、筛选与汇总数据
- AI办公——使用文心一言快速编写计算公式

本章主要内容

本章主要介绍处理与设置数据格式的相关知识和技巧，主要内容包括整理表格中的数据、批量查找与修改数据、设置表格数据格式，排序、筛选与汇总数据，最后还介绍使用文心一言快速编写计算公式的操作方法，并对一些常见的Excel问题进行了解答。

早做完，不加班
Excel 数据处理效率手册

3.1 调整表格中的数据

由于数据的来源不同，有时拿到的数据表存在众多不规范的数据，这样的表格投入使用时会给数据计算与分析带来很多阻碍。因此，拿到表格后首先需要对数据进行整理，从而让其形成规范的数据表。本节将详细介绍整理表格数据的相关知识及操作方法。

3.1.1 删除表格中重复的数据

很多时候我们会发现，同一个工作表里有很多重复的数据，这常常给统计带来错误。本例介绍的 Excel 数据工具的知识点，适用于具有较多重复值，需要批量删除的工作场景。

<< 扫左侧二维码可获取本小节配套视频课程

第1步　打开本例的素材文件"招聘职位表.xlsx"，可以看到"工号"列有重复值，选中整个表格，① 选择【数据】选项卡，② 单击【数据工具】组中的【删除重复值】按钮，如图 3-1 所示。

第2步　弹出【删除重复值】对话框，① 勾选【工号】复选框，② 单击【确定】按钮，如图 3-2 所示。

图 3-1

图 3-2

第 3 章
处理与设置数据格式

第3步 弹出提示对话框，提示已经删除了"工号"列中的重复值，如图3-3所示。

※ 经验之谈

选中原数据区域中的任意单元格，在【数据】选项卡中，单击【排序和筛选】组中的【高级】按钮，启动高级筛选功能。高级筛选会自动识别出一个连续的数据区域，并填入"列表区域"中。（注意：这里无须填写"条件区域"）勾选【选择不重复记录】复选框，单击【确定】按钮，即可显示非重复项。

图 3-3

3.1.2 清除运算错误的单元格数值

有些单元格看起来没有数值，是空状态，但实际上它们是包含内容的单元格，在进行数据处理时，用户会被这些假的空单元格迷惑，导致数据运算时出现错误。本节将介绍为"工资表"清除运算错误数值的操作方法。

<< 扫左侧二维码可获取本小节配套视频课程

第1步 打开本例的素材文件"工资表.xlsx"，可以看到F7、F8单元格进行求和计算时出现了错误值，原因是使用公式后在D7、D8单元格中返回了空字符串。选中D7、D8单元格，①选择【开始】选项卡，②单击【编辑】组中的【清除】下拉按钮，③选择【全部清除】选项，如图3-4所示。

第2步 可以看到F7、F8单元格的计算结果变为正常显示，如图3-5所示。

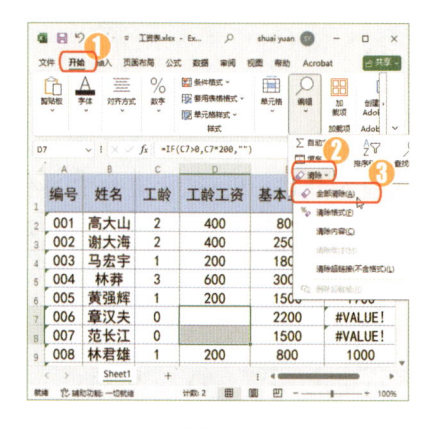

图 3-4

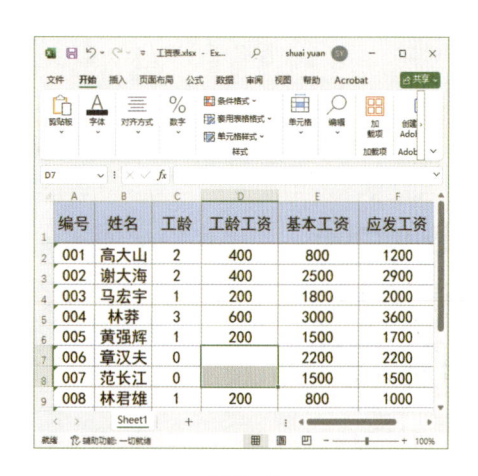

图 3-5

75

3.1.3 删除单元格中的超链接

超链接在表格使用过程中因为非常方便，而且能自动打开相关的程序，对于客户资料的整理及对客户情况的掌握非常有用。但是，有时候如果只是需要保存或者修改客户资料，单击到有超链接的单元格时，会自动打开默认程序跳转到网页或者邮件编辑器中，这给平时的工作带来了很多不便。本例详细介绍删除单元格中超链接的操作方法。

<< 扫左侧二维码可获取本小节配套视频课程

第1步 打开本例的素材文件"员工信息表.xlsx"，① 单击带有超链接的单元格C3，② 单击【开始】选项卡【编辑】组中的【清除】下拉按钮，③ 选择【删除超链接（含格式）】选项，如图3-6所示。

第2步 可以看到超链接的蓝色下划线消失了，这样即可删除单元格中的超链接，如图3-7所示。

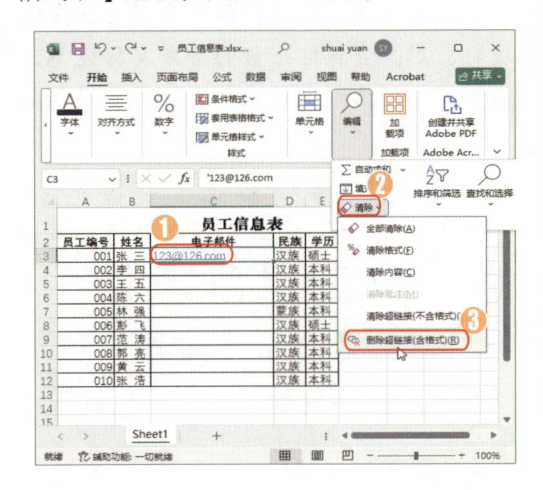

图 3-6

图 3-7

3.1.4 将文本日期转换为标准日期

在Excel中必须按指定的格式输入日期，Excel才会把它当作日期型数值，否则会视为不可计算的文本。本例详细介绍将文本日期转换为标准日期的操作方法。

<< 扫左侧二维码可获取本小节配套视频课程

第 3 章
处理与设置数据格式

第1步 打开本例的素材文件"销售记录表.xlsx",① 选中 A2:A13 单元格区域,② 单击【数据】选项卡【数据工具】组中的【分列】按钮,如图 3-8 所示。

第2步 弹出【文本分列向导-第1步,共3步】对话框,保持默认设置,单击【下一步】按钮,如图 3-9 所示。

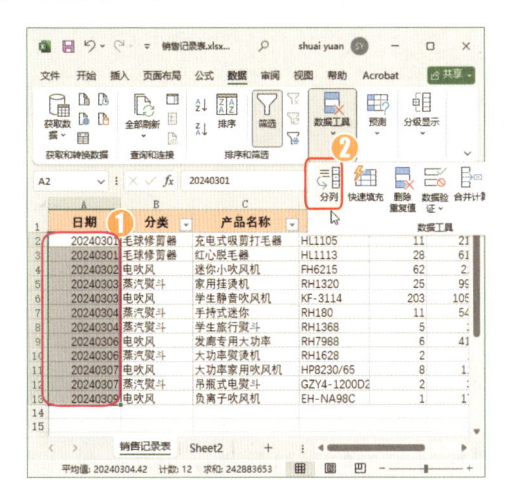

图 3-8

图 3-9

第3步 进入【文本分列向导-第2步,共3步】对话框,保持默认设置,单击【下一步】按钮,如图 3-10 所示。

第4步 进入【文本分列向导-第3步,共3步】对话框,① 选中【日期】单选项,② 单击【完成】按钮,如图 3-11 所示。

图 3-10

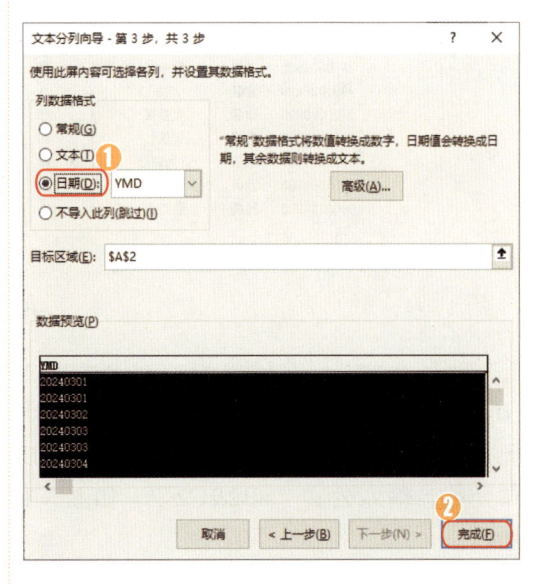

图 3-11

77

第 5 步 返回到工作表中，可以看到文本日期已经转换为标准日期，即可对日期进行计算或筛选操作，如图 3-12 所示。

※ **经验之谈**

在录入标准日期的时候一般要加横杠或者斜杠，这样才算是标准的日期格式。

图 3-12

3.1.5 早做完秘籍 ①——合并两列数据创建新数据

问：在使用 Excel 进行办公的过程中，经常需要将两列数据合并为一列，组成一列新的数据。例如，本例需要将"规格"和"商品名称"合并到一起，显示完整的商品名称，如图 3-13 所示。那么该如何实现呢？

答：使用"&"运算符，即可将相关的两列数据合并为一列，具体的操作步骤如下。

图 3-13

第 1 步 打开本例的素材文件"商品表.xlsx"，在"商品名称"列右侧插入一列单元格，并将列标题命名为"合并"，选中 D2 单元格，输入公式"=B2&C2"，如图 3-14 所示。

第 2 步 按【Enter】键后得到第一组合并数据，拖动右下角的填充柄向下复制公式，得到如图 3-15 所示的合并效果。

第 3 章
处理与设置数据格式

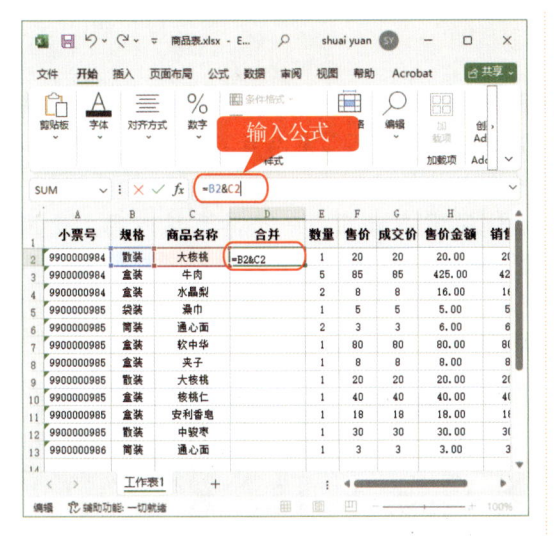

图 3-14

图 3-15

第 3 步 选中 D 列数据，按【Ctrl】+【C】快捷键执行复制，然后单击鼠标右键，在弹出的快捷菜单中选择【值】选项，如图 3-16 所示。

第 4 步 删除原来的 B 列和 C 列，即可得到新的数据，如图 3-17 所示。

图 3-16

图 3-17

知识拓展

该案例第 3 步的操作是将公式的计算结果转换为数字，这样当删除源数据或复制到任意位置使用时就不会出错了。

79

早做完，不加班
Excel 数据处理效率手册

3.1.6 早做完秘籍 ②——拆分带单位的数据

问： 将数量和单位分离是数据表格中一种基本的处理方法。如果单元格中的数据带有单位，计算合计值时则不能参与计算。那么如何为如图 3-18 所示的数据删除单位并参与计算呢？

答： 在表格中，数量和单位通常是放在同一个单元格内的。使用 Excel 的分列功能可以很方便地将数量和单位拆分成两个不同的列，具体的操作步骤如下。

图 3-18

第1步 打开本例的素材文件"员工社保缴费表.xlsx"，可以看到在"养老保险"这一列下的单元格数值都带有单位，使合计的计算结果不正确。首先在"养老保险"列的右方插入一列空白单元格，选中 C3:C14 单元格区域，① 选择【数据】选项卡，② 单击【数据工具】组中的【分列】按钮，如图 3-19 所示。

第2步 弹出【文本分列向导 - 第1步，共3步】对话框，① 选中【固定宽度】单选项，② 单击【下一步】按钮，如图 3-20 所示。

图 3-19

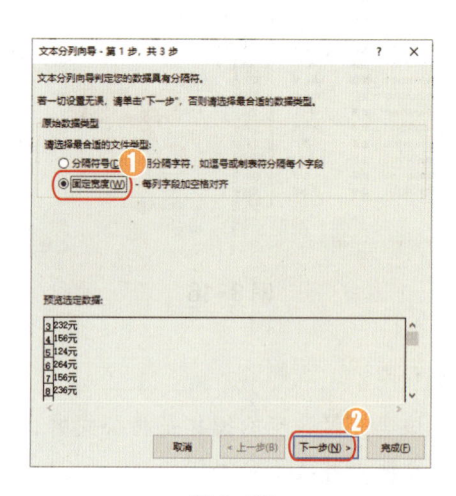

图 3-20

80

第 3 章
处理与设置数据格式

第 3 步 进入【文本分列向导 - 第 2 步，共 3 步】对话框，① 在【数据预览】文本框的标尺上拖动分列线放置在数值与单位之间，② 单击【完成】按钮，如图 3-21 所示。

第 4 步 弹出一个对话框，单击【确定】按钮后即可返回表格，可以看到单位被移至新添加的空白列中，同时合计值的计算结果也发生了改变，如图 3-22 所示。

图 3-21

图 3-22

3.1.7 早做完秘籍 ③——设置工作表之间的超链接

问： 在本例中，用户希望将同一工作簿的"销售记录表"工作表中的 C8 单元格链接至"促销产品"工作表中的 A1 单元格，并且能返回"销售记录表"工作表的 C8 单元格，如图 3-23 所示。那么该如何实现这一效果呢？

答： 在 Excel 中，超链接是一种非常便捷的方式，能够在工作表之间快速导航，在工作表之间放入超链接就可以方便快速地打开想要的表格，具体操作方法如下。

图 3-23

81

第1步 打开本例的素材文件"销售记录表1.xlsx",①选择"销售记录表"工作表中的C8单元格并右击,②在弹出的快捷菜单中选择【链接】命令,如图3-24所示。

第2步 弹出【插入超链接】对话框,①在【链接到】区域选择【本文档中的位置】选项,②在【或在此文档中选择一个位置】列表框中选择【促销产品】选项,③在【请输入单元格引用】文本框中输入"A1",④单击【确定】按钮,如图3-25所示。

图 3-24

图 3-25

第3步 可以看到创建超链接后的效果,文字会以蓝色字体显示,并在底部显示下划线,如图3-26所示。

第4步 此时,单击C8单元格即可快速定位到"促销产品"工作表中的A1单元格,如图3-27所示。

图 3-26

图 3-27

第 3 章 处理与设置数据格式

第5步 如果要返回"销售记录表"工作表中的 C8 单元格，① 可以选择 A1 单元格并右击，② 在弹出的快捷菜单中选择【链接】命令，如图 3-28 所示。

第6步 弹出【插入超链接】对话框，① 在【链接到】区域选择【本文档中的位置】选项，② 在【或在此文档中选择一个位置】列表框中选择【销售记录表】选项，③ 在【请输入单元格引用】文本框中输入"C8"，④ 单击【确定】按钮，如图 3-29 所示。

图 3-28

图 3-29

第7步 此时在"促销产品"工作表中单击 A1 单元格，如图 3-30 所示。

第8步 即可快速返回"销售记录表"工作表中的 C8 单元格，如图 3-31 所示。

图 3-30

图 3-31

知识拓展

如果工作簿中有几十个工作表，在工作表间切换就会耗费大量时间，这时就可以在第一个表格中制作一个目录，创建不同的链接，指向不同的工作表。要从每一个工作表返回总目录，也可以创建一个链接。

3.2 批量查找与修改数据

在编辑表格时，如果需要选择性地查找和替换少量数据，可以使用查找和替换功能。该功能类似于其他程序中的【查找】工具，但它还包含一些更便于搜索的功能。在 Excel 工作表中，用户可以使用【选择性粘贴】命令有选择地粘贴剪贴板中的数值、格式、公式、批注等内容，从而使修改数据更加灵活。

3.2.1 替换数据的同时自动设置格式

在 Excel 中，遇到需要修改某些数据时，可以使用 Excel 提供的替换功能，快速地进行数据的替换，还可以让数据以特定的格式显示，以方便查看。

<< 扫左侧二维码可获取本小节配套视频课程

第1步 打开本例的素材文件"来访登记表.xlsx"，① 选择【开始】选项卡，② 单击【编辑】组中的【查找和选择】下拉按钮，③ 选择【替换】选项，如图 3-32 所示。

第2步 弹出【查找和替换】对话框，① 在【查找内容】文本框中输入"2017"，② 在【替换为】文本框中输入"2024"，③ 单击右侧的【格式】按钮，如图 3-33 所示。

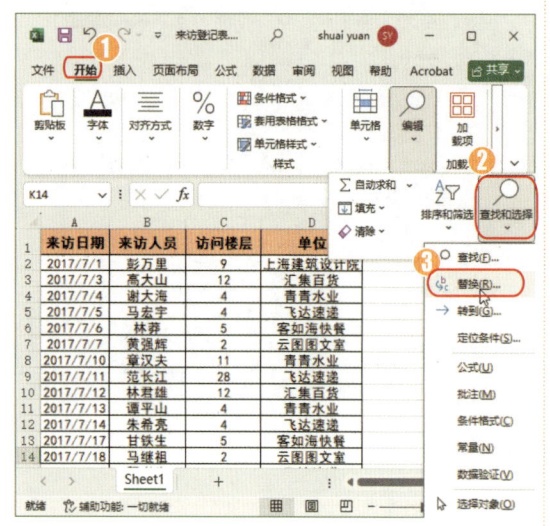

图 3-32

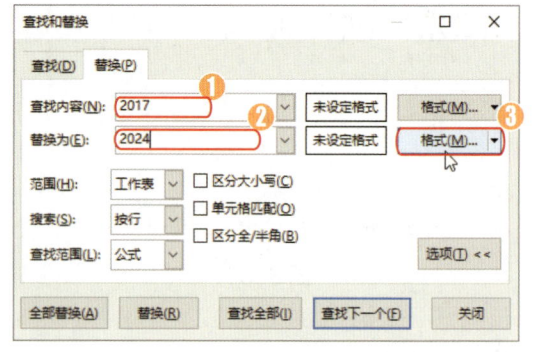

图 3-33

第3章 处理与设置数据格式

第3步 弹出【替换格式】对话框，① 选择【填充】选项卡，② 选择一种颜色，③ 单击【确定】按钮，如图 3-34 所示。

第4步 返回到【查找和替换】对话框中，单击【全部替换】按钮，如图 3-35 所示。

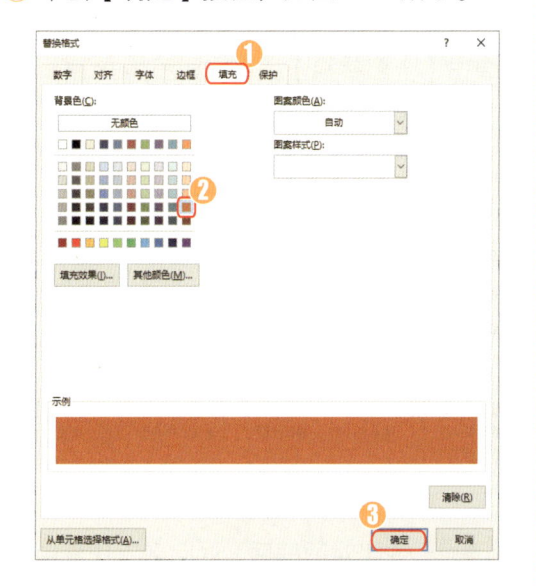

图 3-34

图 3-35

第5步 关闭对话框，返回到工作表中，可以查看替换后的效果，如图 3-36 所示。

图 3-36

※ 经验之谈

在【查找和替换】对话框中，如果没有显示【格式】按钮，单击右侧的【选项】按钮，即可显示更多的按钮等功能设置选项。

3.2.2 快速修改多处相同的数据错误

如果我们在工作表中有多处输入了同一个错误的内容，按常规方法逐个修改会非常烦琐。此时，可以利用查找和替换功能，一次性快速修改所有的错误内容。

<< 扫左侧二维码可获取本小节配套视频课程

85

第1步 打开本例的素材文件"商品表1.xlsx"，❶选择【开始】选项卡，❷单击【编辑】组中的【查找和选择】下拉按钮，❸选择【替换】选项，如图3-37所示。

第2步 弹出【查找和替换】对话框，❶在【查找内容】文本框中输入要查找的数据，本例输入"桶装"，❷在【替换为】文本框中输入替换的内容，本例输入"筒装"，❸单击【全部替换】按钮，如图3-38所示。

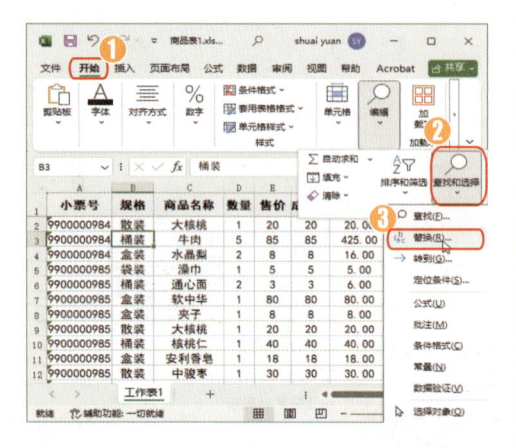

图 3-37

图 3-38

第3步 弹出一个对话框，提示替换的相关信息，单击【确定】按钮，如图3-39所示。

第4步 关闭对话框后，返回到工作表中，可以看到已经将多处相同的数据错误修改完成，如图3-40所示。

图 3-39

图 3-40

3.2.3 对不同范围的数值设置不同颜色

用户可以将单元格中的数据用不同的颜色显示出来，以明显地区分数据的不同。例如，本例将学生的总成绩分成三个层次，并用三种不同的颜色标示出来，这样便于我们更直观地了解每位学生的成绩情况。

<< 扫左侧二维码可获取本小节配套视频课程

第 3 章 处理与设置数据格式

第1步 打开本例的素材文件"期末成绩表.xlsx"，①选中需要显示不同颜色的单元格区域，②单击【开始】选项卡下【格式】组中的【条件格式】下拉按钮，③选择【管理规则】选项，如图 3-41 所示。

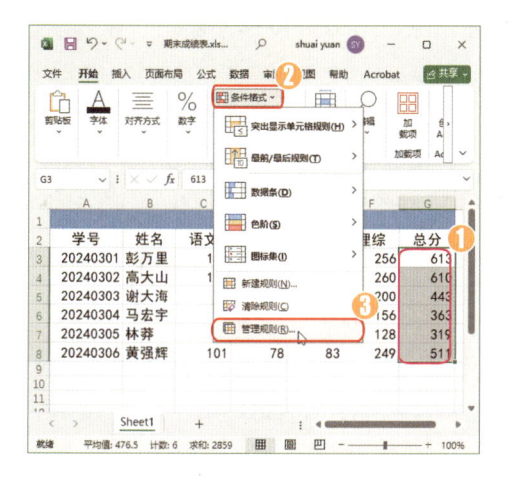

图 3-41

第2步 弹出【条件格式规则管理器】对话框，单击该对话框中的【新建规则】按钮，如图 3-42 所示。

图 3-42

第3步 弹出【新建格式规则】对话框，①在【选择规则类型】列表框中选择【只为包含以下内容的单元格设置格式】选项，②在【介于】后面的文本框中分别输入"580"和"750"，表示将设置学生总成绩在这个范围内的颜色，③单击【格式】按钮，如图 3-43 所示。

第4步 在弹出的【设置单元格格式】对话框中，①选择【填充】选项卡，②选择一种颜色，③单击【确定】按钮，如图 3-44 所示。

图 3-43

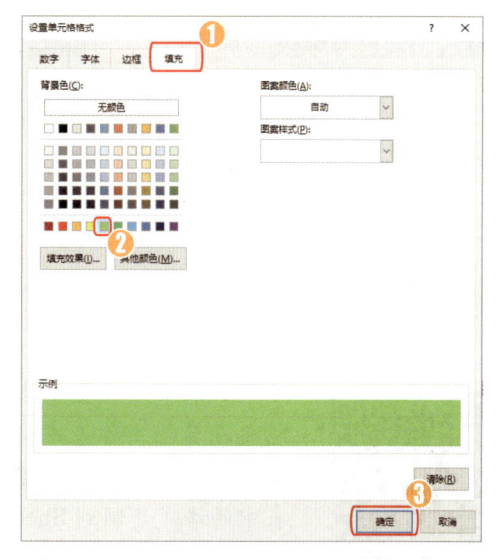

图 3-44

87

第5步 返回到【条件格式规则管理器】对话框中，这样我们就为选中的单元格区域设置了第一个条件格式。再次单击【新建规则】按钮，如图3-45所示。

第6步 依照上述第3至4步的操作为第二条规则设置条件格式。这里设置学生成绩在500至580分的颜色。所以在【介于】文本框中分别输入"500"和"580"。单击【格式】按钮，为这条规则设置另一种颜色，如图3-46所示。

图3-45

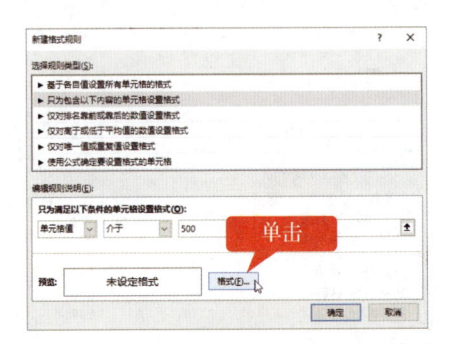

图3-46

第7步 采用上述第3至4步的方法为第三条规则设置条件格式。第三条规则我们又选择一种新的颜色，单击【确定】按钮，如图3-47所示。

第8步 返回到工作表中，可以看到工作表中的学生成绩就会按照设置的条件规则显示不同的颜色，如图3-48所示。

图3-47

图3-48

3.2.4 只复制数据格式

如果事先设置了表格格式（包括底纹、边框和字体格式），下次想要在其他工作表中使用相同的格式，则可以利用选择性粘贴功能快速复制格式。本例介绍把"前三季度销售统计表"工作簿Sheet1工作表中的格式复制到Sheet2工作表中的方法。

<< 扫左侧二维码可获取本小节配套视频课程

第 3 章
处理与设置数据格式

第 1 步 打开本例的素材文件"前三季度销售统计表 .xlsx，"在 Sheet1 工作表中选中 A1:D10 单元格区域，按【Ctrl】+【C】快捷键进行复制，如图 3-49 所示。

第 2 步 切换至 Sheet2 工作表中，① 选择【开始】选项卡，② 单击【剪贴板】组中的【粘贴】下拉按钮，③ 选择【选择性粘贴】选项，如图 3-50 所示。

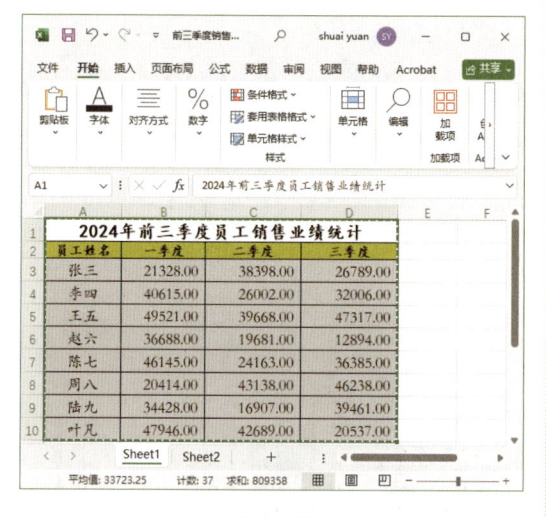

图 3-49

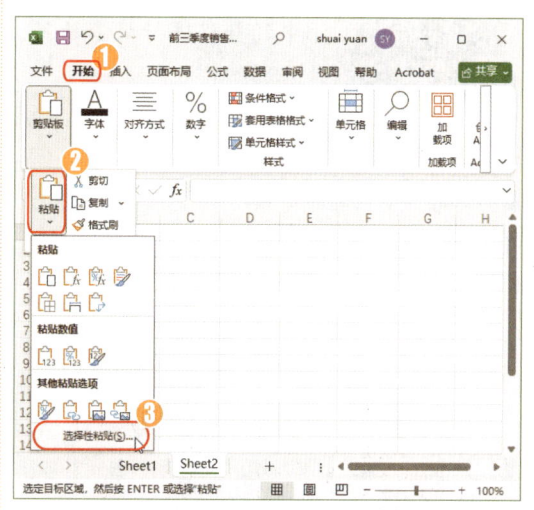

图 3-50

第 3 步 弹出【选择性粘贴】对话框，① 选中【格式】单选项，② 单击【确定】按钮，如图 3-51 所示。

第 4 步 返回到工作表中，可以看到 Sheet2 工作表中引用了 Sheet1 工作表中的格式，如图 3-52 所示。

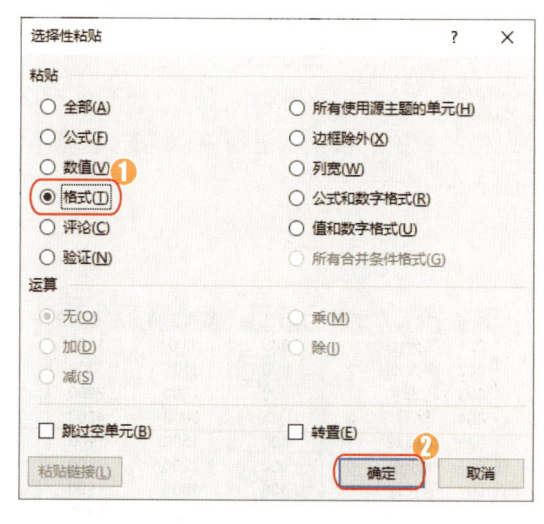

图 3-51

图 3-52

89

3.2.5 粘贴的同时进行批量运算

Excel中的粘贴功能其实包括很多粘贴方法，比如只粘贴值，只粘贴格式等。本例介绍的技巧还可以使用选择性粘贴功能对多个单元格中的数据进行批量计算。

<<扫左侧二维码可获取本小节配套视频课程

第1步 打开本例的素材文件"工资表1.xlsx"，在空白单元格中输入数字"2"，按【Ctrl】+【C】快捷键进行复制，如图3-53所示。

第2步 ①选择D2:D10单元格区域并右击，②在弹出的快捷菜单中选择【选择性粘贴】命令，如图3-54所示。

图3-53

图3-54

第3步 弹出【选择性粘贴】对话框，①在【运算】区域中选中【乘】单选项，②单击【确定】按钮，如图3-55所示。

第4步 返回到工作表中，可以看到选中的单元格区域中的数据都进行乘以"2"运算了，如图3-56所示。

图3-55

图3-56

3.2.6 早做完秘籍 ④——竖向数据如何粘贴成横向数据

问：使用 Excel 有没有一种快速方法让竖向数据变为横向数据？即要对表格中的行、列内容进行互换，将原来的列标识调换成行标识，如图 3-57 所示。

答：在 Excel 中可以使用【转置】命令轻松完成该操作。下面详细介绍把"公司账务表"工作簿中的行、列转置生成新表格的操作方法。

图 3-57

第1步 打开本例的素材文件"公司账务表.xlsx"，选中整个表格区域，按【Ctrl】+【C】快捷键进行复制，如图 3-58 所示。

第2步 选中一个空白单元格，如 E2，① 选择【开始】选项卡，② 单击【剪贴板】组中的【粘贴】下拉按钮，③ 单击【转置】按钮，如图 3-59 所示。

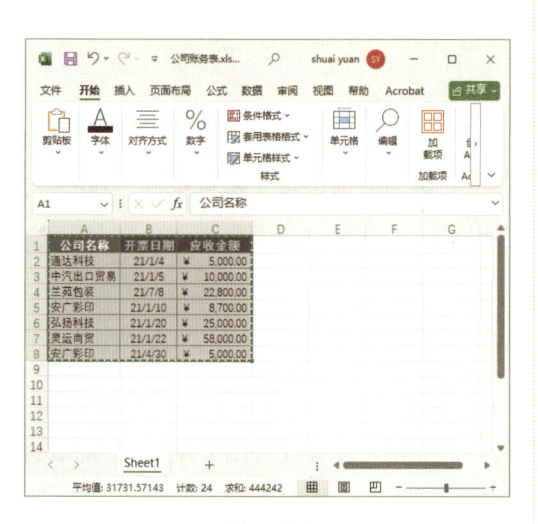

图 3-58

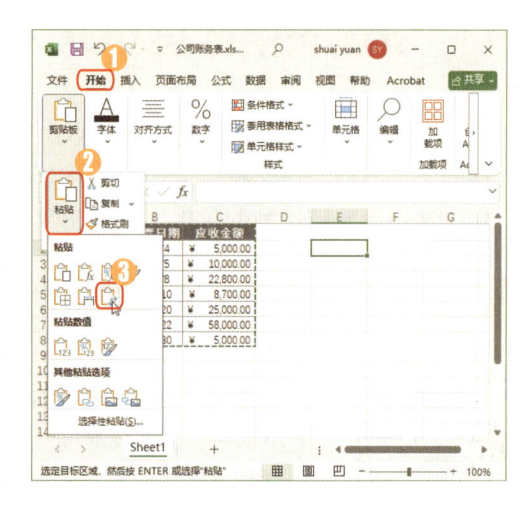

图 3-59

知识拓展

复制完要转置的数据后，用户还可以选择要粘贴到的单元格并右击，在弹出的快捷菜单中选择【粘贴】→【选择性粘贴】命令，打开【选择性粘贴】对话框，勾选【转置】复选框，单击【确定】按钮，进行转置操作。

91

第3步 此时可以看到表格的行、列被置换，生成了一个新表格，如图 3-60 所示。

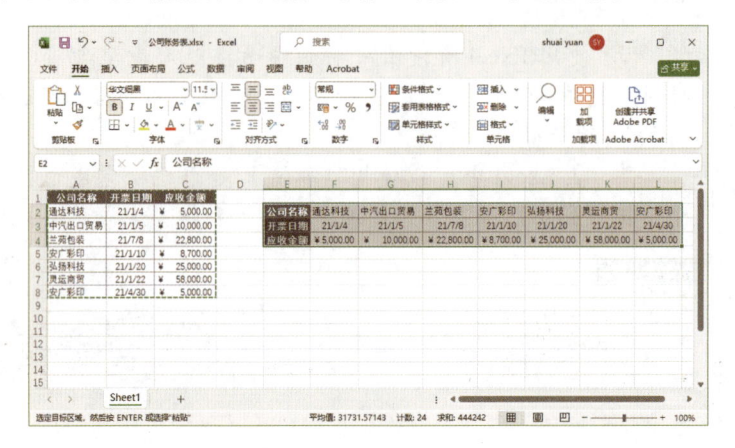

图 3-60

> ※ 经验之谈
>
> 在 Excel 中，行、列转换是一项常见的操作，它允许用户将数据从行的形式转换为列的形式，或者从列的形式转换为行的形式，从而更方便地分析和处理数据。

3.3 设置表格数据格式

本节主要介绍 Excel 中与表格数据格式整理相关的操作，如批量调整行高和列宽、控制单元格的文字方向、快速将数据转换为百分比样式、快速为数据添加文本单位等，这些功能在工作中常用于整理凌乱的数据，可以使数据更规范。

3.3.1 批量调整行高和列宽

在使用 Excel 的过程中，我们有时会遇到一个问题：表格中的格子大小不一，这不仅影响表格的外观，还可能影响我们的工作效率。那么，如何解决这个问题，统一 Excel 表格中每个格子的大小呢？具体操作如下。

<< 扫左侧二维码可获取本小节配套视频课程

第1步 打开本例的素材文件"财务表.xlsx"，单击表格编辑区域左上角的倒三角图标，全选所有的单元格，如图 3-61 所示。

第2步 将鼠标指针放在两个行号之间，当鼠标指针变成上下调节箭头形状时双击鼠标左键，Excel 就会根据内容的多少自动调整行高，如图 3-62 所示。

第 3 章
处理与设置数据格式

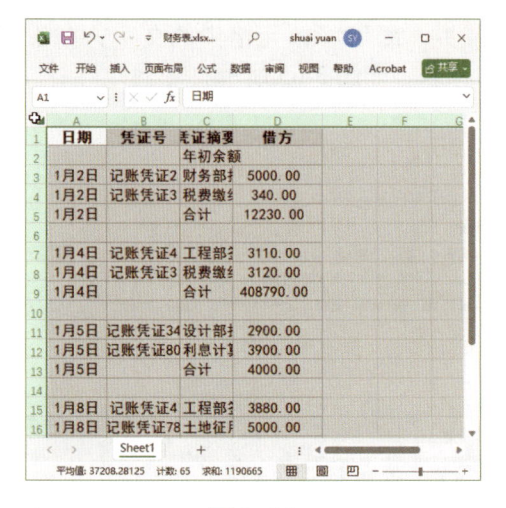

图 3-61

图 3-62

第 3 步 同理，将鼠标指针放在两个列标之间，当鼠标指针变成左右调节箭头形状时双击鼠标左键，Excel 就会根据内容的多少自动调整列宽，如图 3-63 所示。

※ **经验之谈**

　　大家都知道把鼠标指针放在行号或列标之间，单击并拖曳行或列之间的分界线就可以调整行高或列宽。但是当表格中数据非常多的时候，这样一行一行或一列一列地调整特别浪费时间，这时可以让 Excel 根据单元格内容的多少自动调整行高或列宽。

图 3-63

3.3.2 控制单元格的文字方向

　　在 Excel 日常办公环境中，我们有时会根据排版需要改变单元格中文字的方向，以满足现实工作的需要。下面介绍具体的操作方法。

<< 扫左侧二维码可获取本小节配套视频课程

93

第1步　打开本例的素材文件"期末成绩表 1.xlsx"，选中要更改文字方向的单元格区域，① 选择【开始】选项卡，② 单击【对齐方式】组中的【方向】下拉按钮，③ 从打开的下拉列表中选择【逆时针角度】或【顺时针角度】选项，如图 3-64 所示。

第2步　即可将单元格中的文字方向进行 45° 倾斜，如图 3-65 所示。

图 3-64

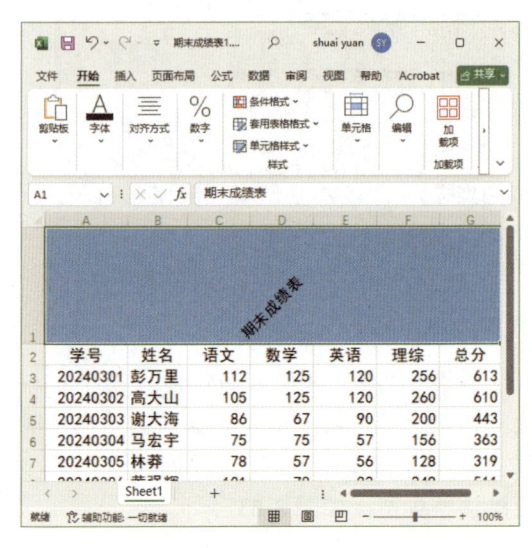

图 3-65

第3步　从【方向】下拉列表中选择【竖排文字】选项，如图 3-66 所示。

第4步　即可将单元格中的文字竖起放置，如图 3-67 所示。

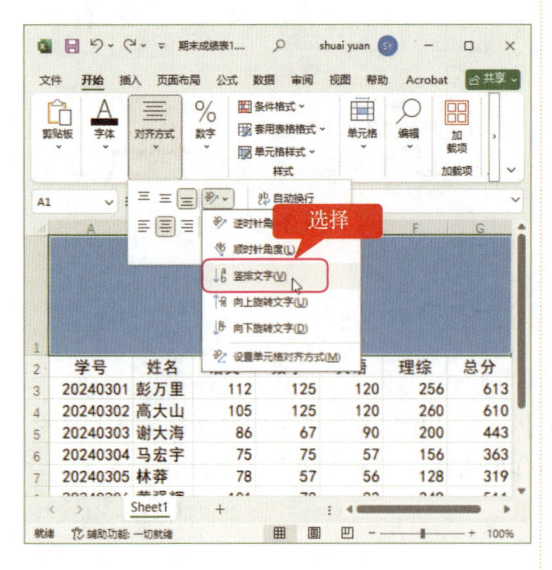

图 3-66

图 3-67

第 3 章
处理与设置数据格式

第5步 从【方向】下拉列表中选择【向上旋转文字】或【向下旋转文字】选项,如图 3-68 所示。

第6步 即可将单元格中的文字方向进行 180° 旋转,如图 3-69 所示。

图 3-68

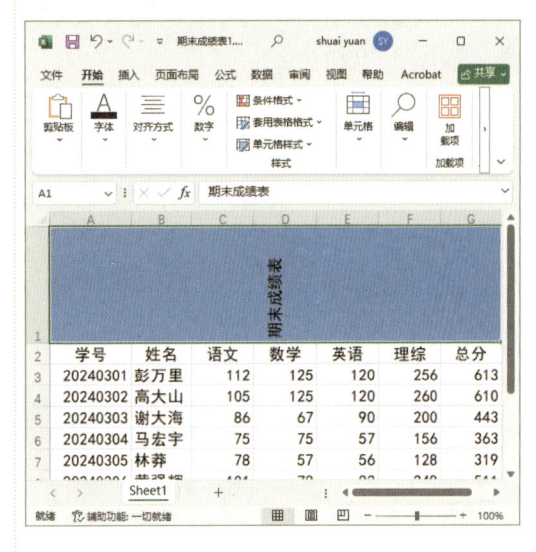

图 3-69

知识拓展

此外,右击单元格,从弹出的快捷菜单中选择【设置单元格格式】命令,在打开的【设置单元格格式】对话框中选择【对齐】选项卡,在【方向】栏中输入文字旋转的角度,或单击对应的文字方向标记,也可达到设置文字方向的目的。

3.3.3 快速将数据转换为百分比样式

在 Excel 中,将数据转换为百分比样式是一个非常实用的操作技巧,特别是在数据处理和分析过程中,可以更直观地呈现数据,以方便进行比较和分析。

<< 扫左侧二维码可获取本小节配套视频课程

早做完，不加班
Excel 数据处理效率手册

第1步 打开本例的素材文件"百分比.xlsx"，① 选中需要将数据转换为百分比样式的单元格区域，② 选择【开始】选项卡，③ 单击【数字】组中的【百分比样式】按钮 %，如图 3-70 所示。

第2步 即可快速地将小数转换为百分比样式，如图 3-71 所示。

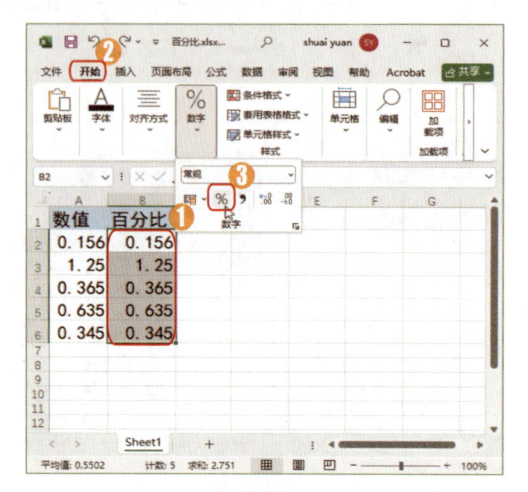

图 3-70

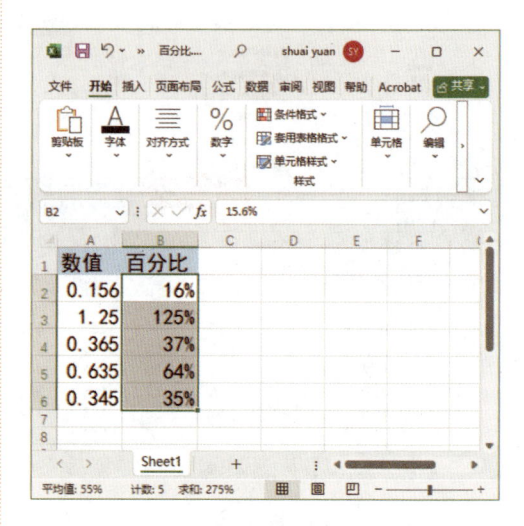

图 3-71

第3步 在【数字】组中单击【增加小数位数】按钮，即可为百分比数字增加小数位数，如图 3-72 所示。

第4步 如果在【开始】选项卡下没有找到【百分比样式】按钮，那么可以选中要转换为百分比样式的单元格区域，① 单击鼠标右键，② 在弹出的快捷菜单中选择【设置单元格格式】命令，如图 3-73 所示。

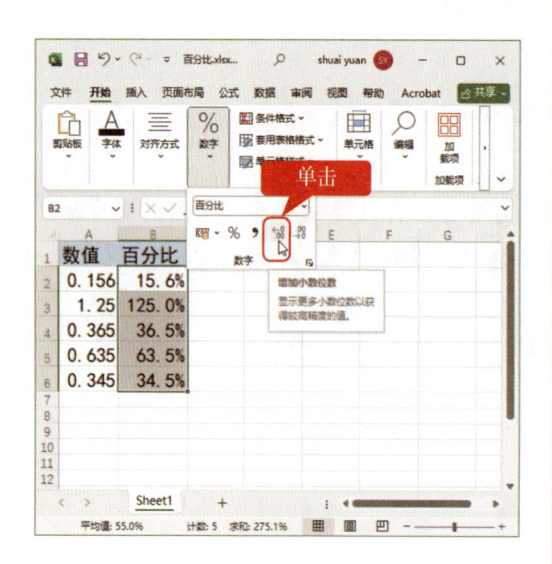

图 3-72

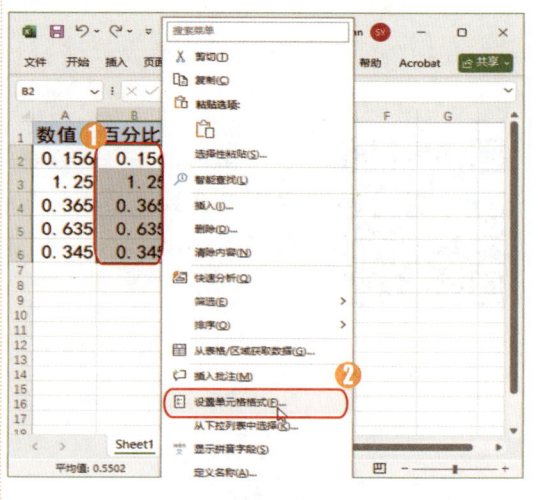

图 3-73

第5步　弹出【设置单元格格式】对话框，① 在【分类】列表框中选择【百分比】选项，② 在右侧设置小数位数，③ 单击【确定】按钮，如图 3-74 所示。

第6步　这样也可以将小数转换为百分比样式，如图 3-75 所示。

图 3-74

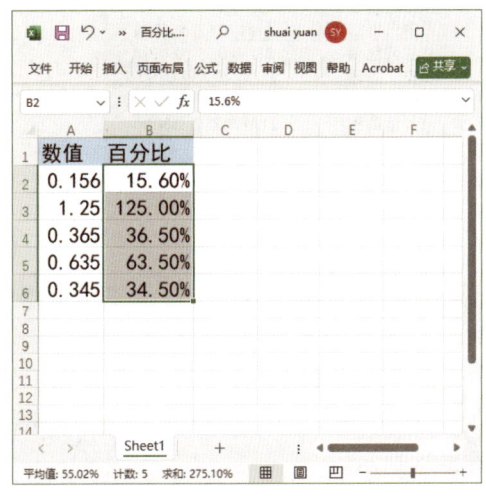

图 3-75

3.3.4　快速为数字添加千位分隔符

在会计工作中，对于数字往往要用千位分隔符分开，以便于阅读。关于添加千位分隔符，其实 Excel 早已为我们准备了相关功能，可以使用下面介绍的操作方法。

<< 扫左侧二维码可获取本小节配套视频课程

第1步　打开本例的素材文件"公司账务表 1.xlsx"，① 选中需要设置千位分隔符的单元格区域，② 单击【开始】选项卡下【数字】组中的【千位分隔样式】按钮 ，，如图 3-76 所示。

第2步　这样即可快速地为数字添加千位分隔符，效果如图 3-77 所示。

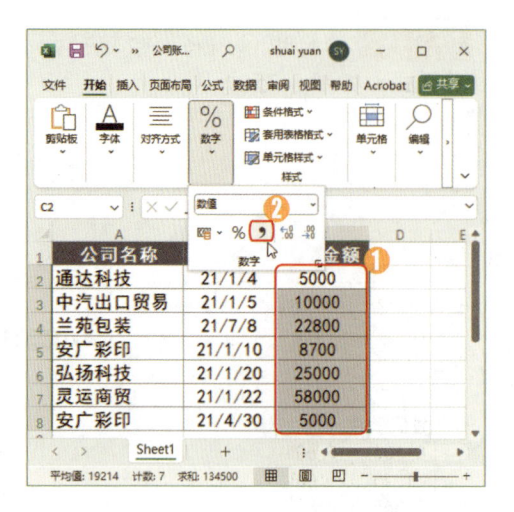

早做完，不加班
Excel 数据处理效率手册

图 3-76

图 3-77

第3步 还可以打开【设置单元格格式】对话框，① 选择【数字】选项卡，② 在【分类】列表框中选择【数值】选项，③ 勾选【使用千位分隔符】复选框，④ 单击【确定】按钮，如图 3-78 所示。

第4步 返回到工作表中，可以看到已经为数字添加了千位分隔符。由于上一步未设置小数位数，这里就没有显示小数，如图 3-79 所示。

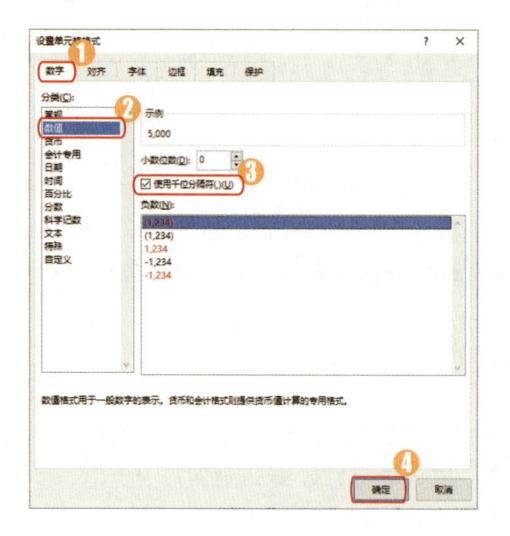

图 3-78

图 3-79

知识拓展

选中需要设置千位分隔符的单元格区域，按【Ctrl】+【Shift】+【1】组合键即可快速设置千位分隔符。

3.3.5 早做完秘籍 ⑤——将科学记数法恢复正常显示

问： 在单元格中输入身份证号码、银行卡号等长数字时，常常出现类似"2.22223E+17"这样的乱码，如图 3-80 所示。那么这种情况该如何处理呢？

答： 这是因为数字太长，Excel 认为不方便阅读，所以就自动将其变成"2.22223E+17"格式的科学记数法。但是对于身份证号码和银行卡号这类文本类型的数字而言，显然是不合适的。解决这类问题的方法也不难，把数字变成文本类型数字，让 Excel 把数字完整地显示出来就可以了，具体的操作步骤如下。

图 3-80

第1步 打开本例的素材文件"员工信息表.xlsx"，①选择 C3:C5 单元格区域，②在【开始】选项卡中单击【数字格式】编辑框右侧的下拉按钮，③在弹出的下拉列表中选择【文本】选项，如图 3-81 所示。

第2步 在已完成格式设置的单元格中重新输入身份证号码，数字就可以正常显示了，如图 3-82 所示。

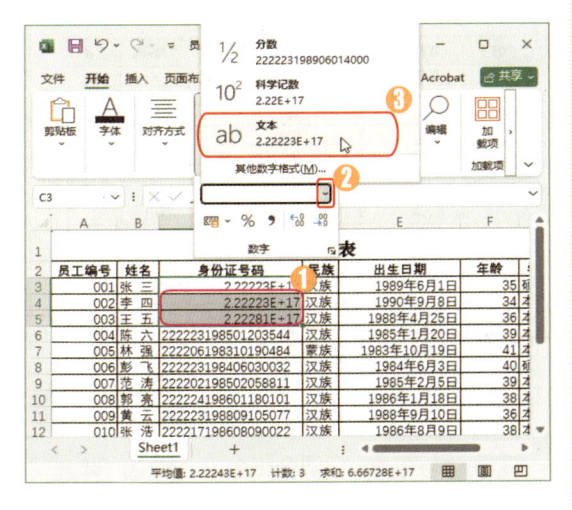

图 3-81

图 3-82

3.4 效率倍增案例——排序、筛选与汇总数据

使用 Excel 时，为了方便查看表格中的数据，可以按照一定的顺序对工作表中的数据进行重新排序。为了从数据表中按某个条件挑选出一部分数据，需要把暂时不关心的数据过滤掉，进行筛选操作，以便进一步分析和处理。在对数据进行分析时，常常需要将相同类型的数据统计出来，这就是数据的分类汇总。本节将详细介绍排序、筛选与汇总数据的相关知识及操作方法。

3.4.1 让数据按照指定的顺序排序

Excel 中的排序功能可以把数据按照一定的顺序排列，让原来杂乱无章的数据变得有规律。【降序】命令可以实现将数据从大到小或者从高到低的顺序排序；【升序】命令可以实现将数据从小到大或者从低到高的顺序排序。本例将对"应聘成绩表"中的"名次"列数据按【升序】排序。

<< 扫左侧二维码可获取本小节配套视频课程

第1步 打开本例的素材文件"应聘成绩表.xlsx"，① 选中 H 列中的任意单元格，如 H5，② 选择【数据】选项卡，③ 单击【排序和筛选】组中的【升序】按钮 ↓，如图 3-83 所示。

第2步 此时可以看到"名次"列中的数据已按照指定的顺序排序，如图 3-84 所示。

图 3-83

图 3-84

第 3 章 处理与设置数据格式

> **知识拓展**
>
> 除了单击【升序】或【降序】按钮进行排序外，还可以执行【数据】→【排序和筛选】→【排序】命令，在打开的【排序】对话框中进行排序设置。

3.4.2 对人名按照姓氏笔画排序

使用 Excel 时经常需要对表格中的文字内容进行排序，我们常用的排序方式是按文字的拼音首字母顺序或倒序排列，但有时因为特殊情况，需要按文字首字或姓氏的笔画数进行排序。下面详细介绍对人名按照姓氏笔画排序的操作方法。

<< 扫左侧二维码可获取本小节配套视频课程

第1步 打开本例的素材文件"应聘成绩表.xlsx"，① 选中需要排序的姓名列，② 选择【数据】选项卡，③ 单击【排序和筛选】组中的【排序】按钮，如图 3-85 所示。

第2步 弹出【排序提醒】对话框，① 选中【以当前选定区域排序】单选项，② 单击【排序】按钮，如图 3-86 所示。

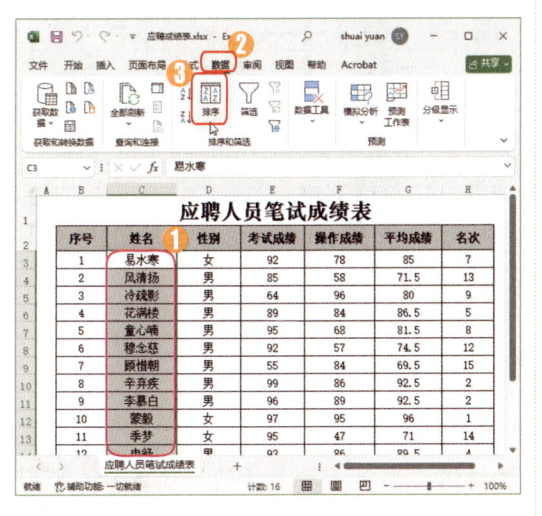

图 3-85

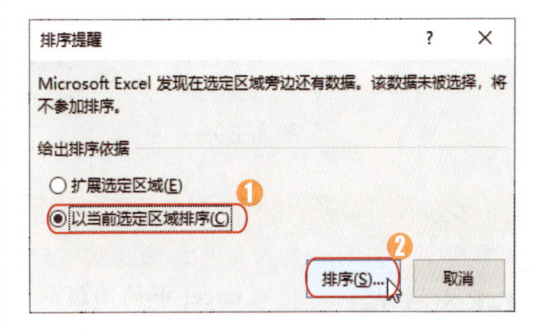

图 3-86

第3步 弹出【排序】对话框，① 设置排序依据和次序，② 单击【选项】按钮，如图 3-87 所示。

第4步 弹出【排序选项】对话框，① 在【方法】区域下方选中【笔画排序】单选项，② 单击【确定】按钮，如图 3-88 所示。

101

图 3-87

图 3-88

第 5 步 返回到【排序】对话框中，单击【确定】按钮，如图 3-89 所示。

第 6 步 此时可以看到"姓名"列中的数据已按照姓氏笔画的顺序排序，如图 3-90 所示。

图 3-89

图 3-90

3.4.3 多重条件匹配进行高级筛选

Excel 中的高级筛选功能提供了更加灵活多样的筛选方式，可以实现多个条件的复杂筛选，还能够在筛选的同时设置是否保留重复项。本例要将销售 2 部需要二次培训的人员数据筛选出来，即要同时满足"销售 2 部"与"二次培训"两个条件。

<< 扫左侧二维码可获取本小节配套视频课程

第 3 章 处理与设置数据格式

第1步 打开本例的素材文件"培训成绩表.xlsx",其中 A20:B21 单元格区域为条件区域,① 选择【数据】选项卡,② 单击【排序和筛选】组中的【高级】按钮,如图 3-91 所示。

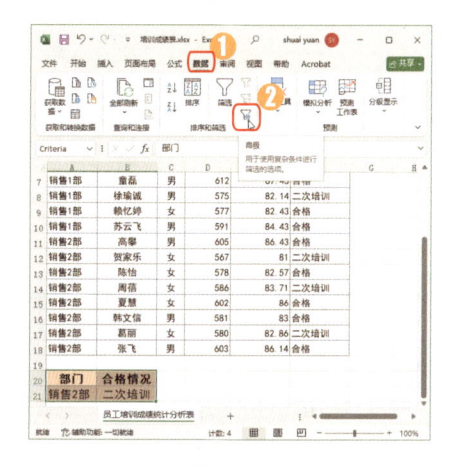

图 3-91

第2步 打开【高级筛选】对话框,① 选中【将筛选结果复制到其他位置】单选项,② 设置【列表区域】、【条件区域】和【复制到】的单元格地址,③ 单击【确定】按钮,如图 3-92 所示。

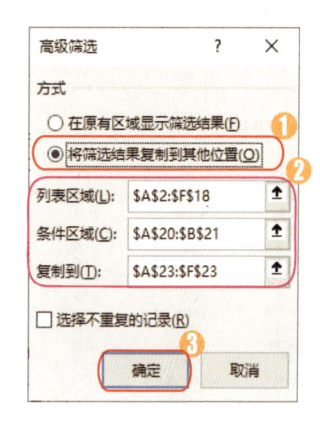

图 3-92

第3步 返回到表格中,可以看到 Excel 自动将销售2部中需要二次培训的人员筛选了出来,如图 3-93 所示。

图 3-93

※ 经验之谈

只要源数据表是标准的数据明细表,【高级筛选】对话框中的【列表区域】一般会自动显示为整个表格区域。如果默认的区域不正确或人为地想使用其他的数据区域,都可以单击右边的【拾取器】按钮,回到数据表中重新选择。

3.4.4 创建多级分类汇总

Excel 自带的分类汇总功能可以帮助我们很好地完成数据分类汇总的任务。本例将介绍以"系列"作为第一级分类,在同一"系列"下还对应不同的商品,再按不同商品进行汇总。

<< 扫左侧二维码可获取本小节配套视频课程

第1步 打开本例的素材文件"销售表.xlsx"，①选择【数据】选项卡，②单击【排序和筛选】组中的【排序】按钮，如图3-94所示。

第2步 弹出【排序】对话框，①设置【排序依据】为"系列"，②单击【添加条件】按钮，设置【次要关键字】为"商品"，③单击【确定】按钮，如图3-95所示。

图3-94

图3-95

第3步 即可得到排序结果，如图3-96所示。

第4步 在【数据】选项卡下单击【分级显示】组中的【分类汇总】按钮，如图3-97所示。

图3-96

图3-97

第3章 处理与设置数据格式

第5步 弹出【分类汇总】对话框，①设置【分类字段】为"系列"，②设置【汇总方式】为【求和】，③勾选【销量】复选框，④单击【确定】按钮，如图3-98所示。

第6步 返回到工作表中，可以看到已经得到一级分类汇总结果，如图3-99所示。

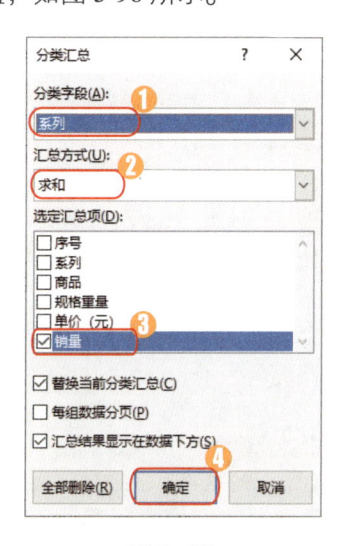

图3-98

图3-99

第7步 再次打开【分类汇总】对话框，①设置【分类字段】为"商品"，②取消勾选【替换当前分类汇总】复选框，③单击【确定】按钮，如图3-100所示。

第8步 返回到工作表中，得到多级分类汇总结果（先按"系列"得到总销量统计，再按"商品"得到总销量统计），如图3-101所示。

图3-100

图3-101

105

3.5 AI办公——使用文心一言快速编写计算公式

如果用户不知道如何编写计算公式，别担心，只需使用文心一言输入对数据结果的具体要求，它就能迅速生成相应的公式。下面详细介绍其操作方法。

<< 扫左侧二维码可获取本小节配套视频课程

第1步 打开浏览器，输入网址"https://yiyan.baidu.com/"，进入文心一言网站。① 在文心一言对话框中输入如图3-102所示的指令，② 单击【发送】按钮。

第2步 根据用户发送的指令，文心一言会自动生成一些可以使用的函数建议，并列举出详细的计算公式，如图3-103所示。最后用户只需要把生成的公式内容复制到Excel里，就可以快速得到解决方案。

图3-102

图3-103

3.6 不加班问答实录

本章主要介绍了一些处理与设置数据格式的实用技巧，这些技巧在实际工作中的使用频率较高，看似简单却又鲜为人知。本节将对一些办公过程中常见的Excel问题进行解答，从而提高用户使用Excel处理数据的效率。

3.6.1 如何正确显示超过 24 小时的时间

两个时间数据相加如果超过了 24 小时，默认返回的时间格式是不规范的，只显示超过 24 小时之后的时间。在图 3-104 中，可以看到 B4 单元格中的数值应为 B2+B3，但只显示了超过 24 小时之后的时间。那么该如何正确显示超过 24 小时的时间呢？

首先，选中 B4 单元格，在【开始】选项卡中单击【对齐方式】组右下角的对话框开启按钮，如图 3-105 所示。

图 3-104 　　　　　　　　　　图 3-105

接着弹出【设置单元格格式】对话框，在【数字】选项卡的【分类】列表框中选择【自定义】选项，在【类型】文本框中输入"[h]:mm"，单击【确定】按钮，如图 3-106 所示。

可以看到 B4 单元格中已经显示了总时间，如图 3-107 所示。

图 3-106 　　　　　　　　　　图 3-107

3.6.2 如何将"A~C级"一次性实现"合格"文字的替换

工作表中统计了应聘者各种能力的评级（A~E级），需要将合格的级别（A~C级）替换为"合格"文字，如图3-108所示。那么该如何实现呢？

图 3-108

首先使用【行内容差异单元格】功能找出与"D""E"不同的单元格，然后一次性实现"合格"文字的输入。具体操作方法如下。

（1）在F2:G9单元格区域中建立辅助字母列，输入"D""E"，如图3-109所示。

（2）以G2单元格为起始位置，沿左上角方向选取B2:G9单元格区域，在【开始】选项卡下单击【编辑】组中的【查找和选择】下拉按钮，然后选择【定位条件】选项，如图3-110所示。

图 3-109 　　　　　　　　图 3-110

（3）打开【定位条件】对话框，选中【行内容差异单元格】单选项，单击【确定】按钮，如图3-111所示。

（4）返回到表格中，可以看到当前选中的是除了字母"E"之外的所有单元格，如图3-112所示。

（5）保持当前选中状态，按住【Ctrl】键的同时双击F2单元格，再次打开【定位条件】对话框，选中【行内容差异单元格】单选项，单击【确定】按钮。返回到工作表中后，即可选中除了字母"D""E"之外的所有单元格，将光标定位在编辑栏中，输入"合格"，如图3-113所示。

图 3-111　　　　　　　　　　　　图 3-112

（6）按【Ctrl】+【Enter】快捷键完成输入，即可将合格的级别（A~C级）替换为"合格"文字，如图 3-114 所示。

图 3-113　　　　　　　　　　　　图 3-114

早 做 完， 不 加 班

扫码获取本章学习素材

第 4 章

用好公式与函数

本章知识要点
- 引用公式与函数
- 自己动手编辑公式
- 巧用函数自动计算数据
- 效率倍增案例——高效找出两个表格数据的差异
- AI办公——使用文心一言生成VBA代码应对各种数据处理挑战

本章主要内容

　　本章主要介绍用好公式与函数的相关知识和技巧，主要内容包括引用公式与函数、自己动手编辑公式、巧用函数自动计算数据、高效找出两个表格数据的差异，最后还介绍使用文心一言生成VBA代码应对各种数据处理挑战的操作方法，并对一些常见的Excel问题进行了解答。

4.1 引用公式与函数

公式与函数在 Excel 中有着非常重要的作用。用户不仅可以输入自定义公式完成计算，还能使用内置的函数快速完成更加复杂和专业的数据计算。掌握公式与函数的应用技能是提高 Excel 应用效率的最佳途径之一。

4.1.1 输入公式进行计算

公式由一系列单元格的引用、函数及运算符等组成，是对数据进行计算和分析的等式。在 Excel 中，利用公式可以对表格中的各种数据进行快速计算。使用公式前，学习公式的输入方法可以使用户在使用公式时更加得心应手。

<< 扫左侧二维码可获取本小节配套视频课程

第1步 打开本例的素材文件"输入公式.xlsx"，在 D3 单元格中输入等号"="作为公式的前导符，一个公式必须以此符号开头，Excel 根据此符号来识别公式，如图 4-1 所示。

第2步 输入引用单元格 B3 的值，即引用"单价"的值，如图 4-2 所示。

图 4-1

图 4-2

第3步 输入运算符"*"，如图 4-3 所示。

第4步 输入引用单元格 C3 的值，即引用"上月销售量"的值，如图 4-4 所示。

图 4-3

图 4-4

第5步 输入公式后按【Enter】键，D3 单元格中就会显示出该公式的计算结果，如图 4-5 所示。

第6步 向下拖动填充柄，使公式向下填充，即可完成输入公式进行计算的操作，如图 4-6 所示。

图 4-5

图 4-6

知识拓展

除了将单元格格式设置为【文本】外，在单元格中输入等号（=）的时候，Excel 将自动变为输入公式的状态。当在单元格中输入加号（+）、减号（-）等时，系统会自动在前面加上等号，变为输入公式状态。

4.1.2 公式的三种引用方式

Excel 中对数据的运算往往都要涉及单元格的引用，引用可以说是 Excel 中绝大部分数据工作的基础。单元格引用的作用是标识工作表中的单元格或单元格区域，并指明公式中所引用的数据在工作表中的位置。单元格的引用通常分为相对引用、绝对引用和混合引用。默认情况下，Excel 使用的是相对引用。

1. 相对引用

相对引用是指引用的单元格的位置是相对的。如果公式所在单元格的位置发生改变，则引用单元格地址也随之改变。如果使用填充柄进行多行或多列复制，引用单元格地址会自动进行调整。

例如，将 J3 单元格中的公式"=SUM（D3:H3）"通过【Ctrl】+【C】和【Ctrl】+【V】组合键复制到 J4 单元格中，可以看到复制到 J4 单元格中的公式更新为"=SUM（D4:H4）"，其引用指向了与当前公式位置相对应的单元格，如图 4-7 所示。

J4 =SUM(D4:H4)

	E	F	G	H	I	J	K
1	考核科目				平均成绩	总成绩	名次
2	管理制度	电脑知识	业务能力	团体贡献			
3	77	68	78	92	80.00	400	
4	84	87	76	78	84.80	424	
5	93	72	83	92	86.20		
6	88	91	91	80	84.40		
7	89	72	85	91	83.80		
8	79	88	82	72	80.80		
9	81	87	85	88	83.60		
10	92	85	88	87	88.00		
11	76	75	69	85	74.80		
12	72	79	86	75	79.60		
13	2	1	1	3			

图 4-7

2. 绝对引用

对于使用了绝对引用的公式，被复制或移动到新位置后，公式中引用的单元格地址保持不变。需要注意，在使用绝对引用时，应在被引用单元格的行号和列标之前分别添加符号“$”。

例如，在 J3 单元格中输入公式“=SUM（$D$3:$H$3）”，此时再将 J3 单元格中的公式复制到 J4 单元格中，可以发现两个单元格中的公式一致，并未发生任何改变，如图 4-8 所示。

J4 =SUM($D$3:$H$3)

	E	F	G	H	I	J	K
1	考核科目				平均成绩	总成绩	名次
2	管理制度	电脑知识	业务能力	团体贡献			
3	77	68	78	92	80.00	400	
4	84	87	76	78	84.80	400	
5	93	72	83	92	86.20		
6	88	91	91	80	84.40		
7	89	72	85	91	83.80		
8	79	88	82	72	80.80		
9	81	87	85	88	83.60		
10	92	85	88	87	88.00		
11	76	75	69	85	74.80		
12	72	79	86	75	79.60		
13	2	1	1	3			

图 4-8

3. 混合引用

混合引用是指相对引用与绝对引用同时存在于一个单元格的地址引用中。如果公式所在单元格的位置改变，相对引用部分会改变，而绝对引用部分不变。混合引用的使用方法与绝对引用的方法相似，通过在行号和列标前加入符号“$”来实现。

例如，在 J3 单元格中输入公式“=SUM（$D3:$H3）”，此时再将 J3 单元格中的公式复制到 K4 单元格中，可以发现两个公式中使用了相对引用的单元格地址改变了，而使用绝对引用的单元格地址不变，如图 4-9 所示。

第 4 章
用好公式与函数

图 4-9

4.1.3 在单元格中直接输入函数

函数是 Excel 内置的一种计算规则。用一个简单的函数替代一个复杂的公式，可以大大地降低公式的复杂度。

对于有一定基础的用户，可以直接在单元格中输入"="，再输入函数名称，当下方出现相关函数选项后，直接单击该选项即可完成函数输入，如图 4-10 所示。还可以根据下方的提示输入参数，如图 4-11 所示。

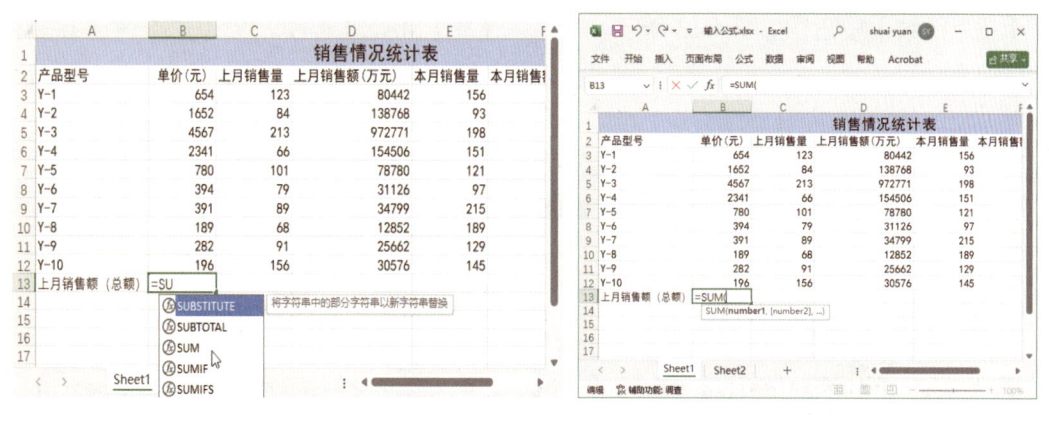

图 4-10　　　　　　　　　图 4-11

4.1.4 早做完秘籍 ①——通过函数库插入函数

问：如何通过函数库插入函数？

答：对于初学者而言，插入函数时也可以打开【插入函数】对话框，如图 4-12 所示。通过该对话框中的函数库将需要的函数快速插入到单元格中。下面以计算最大值为例，来详细介绍插入函数的操作方法。

115

早做完，不加班
Excel 数据处理效率手册

图 4-12

第1步 打开本例的素材文件"考评成绩表.xlsx"，选中准备插入函数的单元格，① 选择【公式】选项卡，② 在【函数库】组中单击【插入函数】按钮，如图 4-13 所示。

第2步 弹出【插入函数】对话框，① 在【或选择类别】下拉列表框中选择【常用函数】选项，② 在【选择函数】列表框中选择【MAX】选项，③ 单击【确定】按钮，如图 4-14 所示。

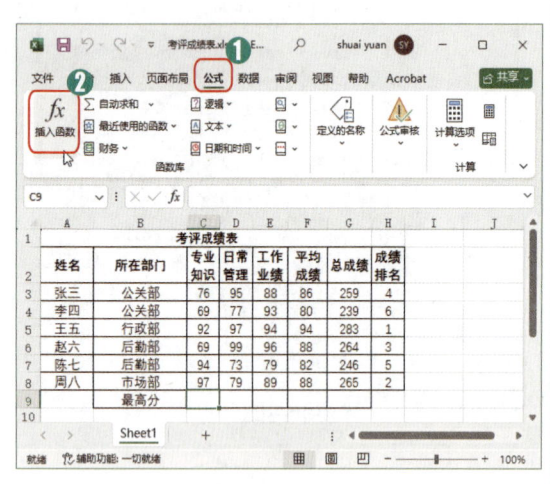

图 4-13

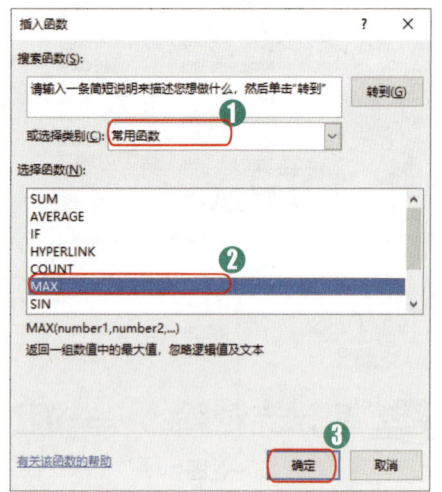

图 4-14

116

第3步 弹出【函数参数】对话框，单击【确定】按钮，如图4-15所示。

第4步 返回到表格中，可以看到已经计算出"专业知识"这一项成绩的最高分，如图4-16所示。通过以上步骤即可完成插入函数的操作。

图 4-15

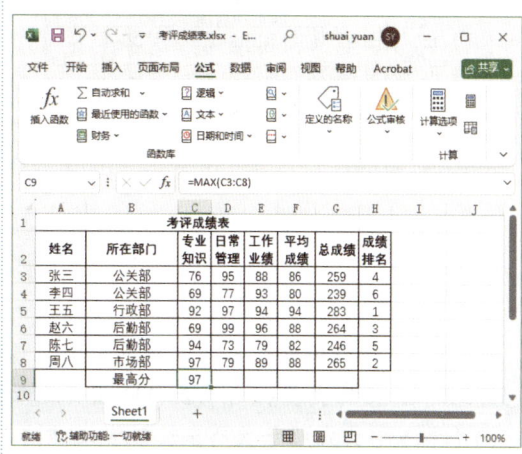

图 4-16

4.2 自己动手编辑公式

在工作表的单元格中输入公式以后，公式的计算结果就会显示在工作表中。要想查看产生结果的公式，只需选中该单元格，公式就会出现在编辑栏中。要在单元格中编辑公式，可以双击该单元格或者按 F2 键。本节将详细介绍编辑公式的相关知识及操作方法。

4.2.1 修改有错误的公式

如果发现某个公式有错误，就必须对该公式进行修改。下面详细介绍修改公式的操作方法。

<< 扫左侧二维码可获取本小节配套视频课程

第1步 单击包含需要修改公式的单元格，如图 4-17 所示。

第2步 在编辑栏中对公式进行修改，如图 4-18 所示。

图 4-17

图 4-18

第3步 如果需要修改公式中的函数，则替换函数并修改函数的参数，如图 4-19 所示。

※ 经验之谈

若要熟练地运用函数，除了掌握函数的使用方法外，还应该了解一些常见的错误值类型："#DIV/0！"错误，是指公式中有除数为 0，或者有除数为空白的单元格；"#N/A"错误，是指使用查找功能的函数时，找不到匹配值；"#NAME？"错误，是指公式中使用了 Excel 无法识别的文本；"#NUM！"错误，是指公式需要数值型参数时，却设置成了非数值型参数，或给了公式一个无效参数。

图 4-19

4.2.2 快速复制公式的方法

在工作表中完成公式的输入后，用户可以快速复制公式从而提高工作效率。在本例中，单元格 C1 中有一个公式"=50+50*3"，现在要将它移动或者复制到 C3 单元格中，可以按照如下步骤进行操作。

<< 扫左侧二维码可获取本小节配套视频课程

第1步 ① 选中 C1 单元格，② 单击【开始】选项卡下【剪贴板】组中的【复制】按钮，如图 4-20 所示。

第2步 ① 在 C3 单元格上右击，② 在弹出的快捷菜单中单击【粘贴选项】命令中的【粘贴公式】按钮，如图 4-21 所示。

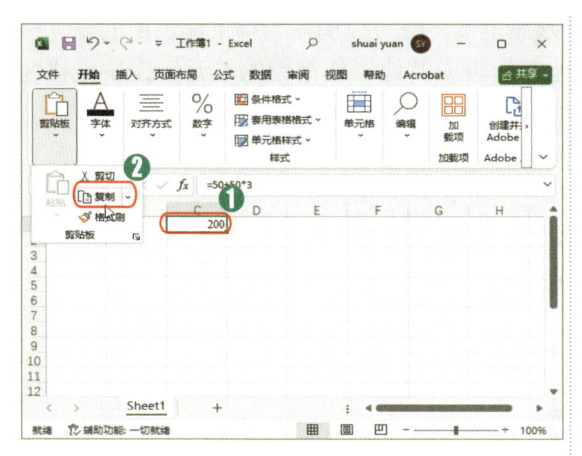

图 4-20

图 4-21

第 3 步 完成公式的复制操作，效果如图 4-22 所示。

第 4 步 如果在弹出的快捷菜单的【粘贴选项】命令中没有所需要的粘贴按钮，则打开【选择性粘贴】对话框，① 选中【公式】单选项，② 单击【确定】按钮，即可完成复制公式的操作，如图 4-23 所示。

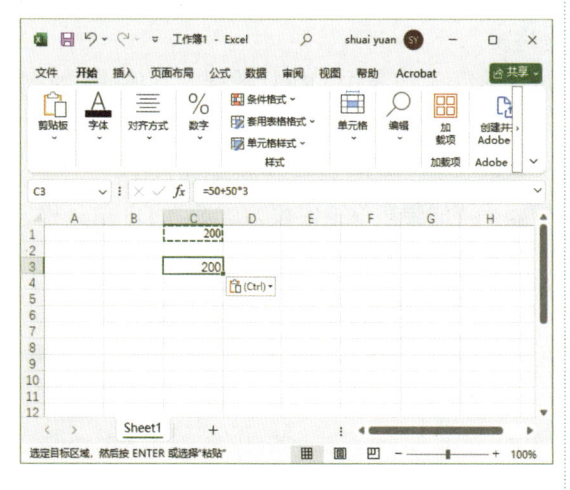

图 4-22

图 4-23

4.2.3 早做完秘籍 ②——用链接公式实现多表协同工作

在处理复杂的数据分析和管理任务时，经常需要在多个 Excel 表格之间实现数据的联动和同步。这样可以确保数据的一致性，提高工作效率。那么，如何在 Excel 中用公式链接多个工作表呢？

在 Excel 中输入公式时，单元格引用没有限制范围，既可以引用当前工作表中的单元格或单元格区域，也可以引用同一工作簿中其他工作表或其他工作簿中的单元格或单元格区域，但引用其他工作簿或工作表中的单元格或单元格区域时，需要用到链接公式。

在 Excel 中，包含对其他工作表或工作簿单元格的引用公式，称为链接公式。链接公式需要在单元格引用表达式前添加半角感叹号"!"，如图 4-24 所示。

图 4-24

（1）引用同一工作簿其他工作表中的单元格。

例如，本例要在"查询"工作表中引用"成绩表"工作表中的统计数据，具体操作步骤如下。

第1步 打开本例的素材文件"成绩查询.xlsx"，切换到"查询"工作表，在 B3 单元格中输入"="，如图 4-25 所示。

第2步 选择参与计算的单元格。① 切换到"成绩表"工作表，② 选择 D3 单元格，如图 4-26 所示。

图 4-25

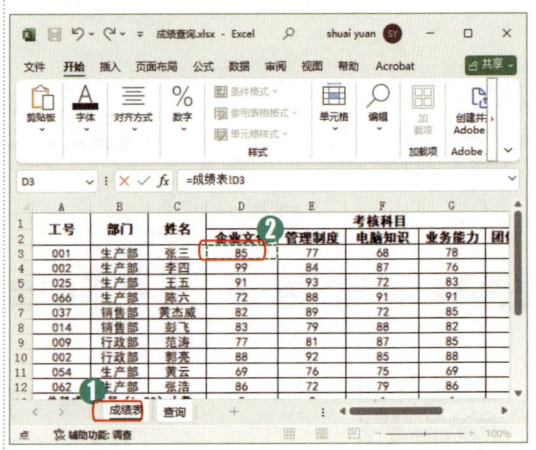

图 4-26

第 4 章
用好公式与函数

第3步 查看计算结果。按【Enter】键，即可将"成绩表"工作表 D3 单元格中的数据引用到"查询"工作表的 B3 单元格中，如图 4-27 所示。

※ **经验之谈**

如果希望引用同一工作簿其他工作表中的单元格或单元格区域，只需在单元格或单元格区域引用的前面加上工作表的名称和半角感叹号"！"，即引用格式为"= 工作表名称！单元格地址"。

图 4-27

(2) 创建链接到其他工作簿中的公式。

引用其他工作簿中的单元格的方法与引用同一工作簿其他工作表中的单元格数据类似。例如，要在"成绩查询"工作簿"查询"工作表中引用"考评成绩表"工作簿中的"所在部门"数据，具体操作步骤如下。

第1步 打开本例的素材文件"成绩查询.xlsx""考评成绩表.xlsx"，① 选择"成绩查询"工作簿中的"查询"工作表，② 在 C3 单元格中输入"="，③ 单击【视图】选项卡【窗口】组中的【切换窗口】下拉按钮，④ 在弹出的下拉列表中显示了当前打开的所有工作簿名称，选择"考评成绩表.xlsx"工作簿选项，如图 4-28 所示。

第2步 切换到"考评成绩表.xlsx"工作簿中，选择 Sheet1 工作表中的 B3 单元格，如图 4-29 所示。

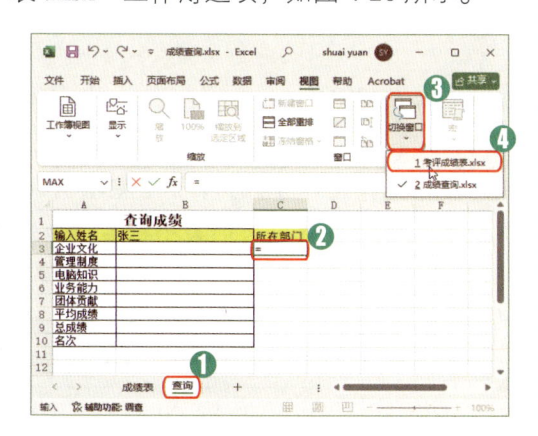

图 4-28

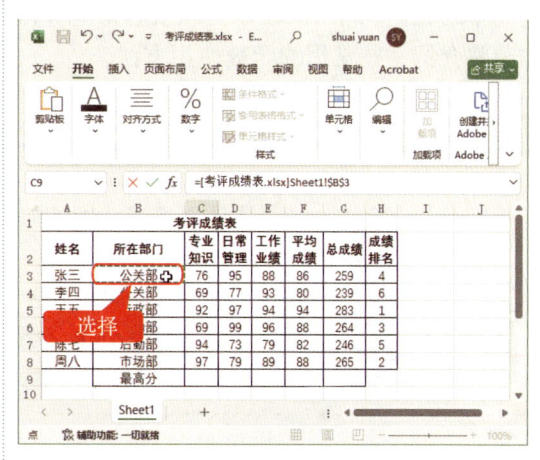

图 4-29

121

第3步 按【Enter】键，即可将"考评成绩表"工作簿 Sheet1 工作表的 B3 单元格中的数据引用到【成绩查询】工作簿"查询"工作表的 C3 单元格中，在编辑栏中可以看到单元格引用为绝对引用，如图 4-30 所示。

※ **经验之谈**

如果链接公式的源工作簿中数据进行了编辑，并重新保存了，而引用工作表中的公式没有重新进行计算，就不会立即更新链接来显示当前的数据。这时可以使用 Excel 中提供的强制更新功能，确保链接公式拥有来自源工作簿的最新数据。

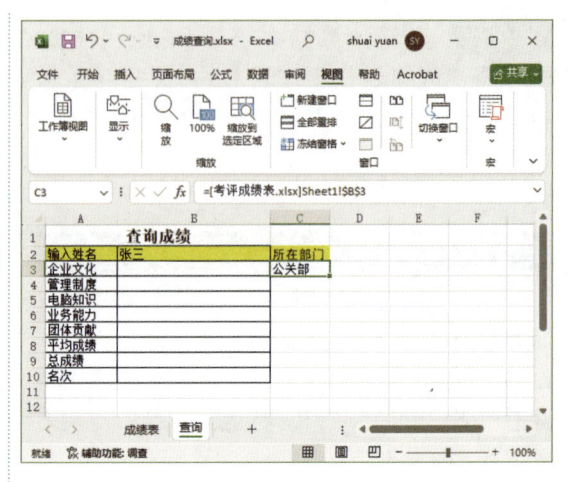

图 4-30

知识拓展

在当前工作簿中，单击【数据】选项卡【查询和连接】组中的【编辑链接】按钮，打开【编辑链接】对话框，在列表框中选择相应的源工作簿，单击【更新值】按钮，Excel 会自动使用最新版本的源工作簿数据更新链接公式。

4.3 巧用函数自动计算数据

在 Excel 中，将一组特定功能的公式组合在一起，就形成了函数。利用公式可以计算一些简单的数据，利用函数则可以很容易地完成各种复杂数据的处理工作，并简化公式的使用。本节将介绍一些常用的函数使用方法。

4.3.1 统计函数——快速统计当前分数所在的排名

统计函数用于对数据区域的数据进行统计分析。其中 RANK.AVG 函数用于返回某数值在一列数值中相对于其他数值的大小排名，如果多个数值排名相同，则返回平均值排名。在本例中，已知某班的成绩单，现在需要使用 RANK.AVG 函数求出总成绩 285 分排在第几位。

<< 扫左侧二维码可获取本小节配套视频课程

第 4 章 用好公式与函数

第1步 打开本例的素材文件"统计函数.xlsx"，① 选择单元格 C11，② 单击【公式】选项卡下【函数库】组中的【插入函数】按钮，如图 4-31 所示。

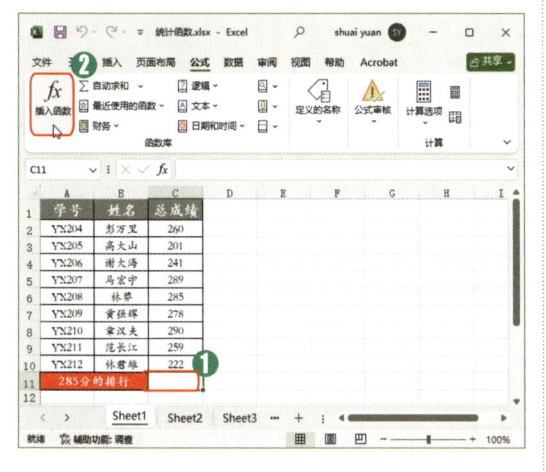

图 4-31

第2步 弹出【插入函数】对话框，① 在【或选择类别】下拉列表框中选择【统计】选项，② 此时在【选择函数】列表框中显示所有统计函数，双击【RANK.AVG】选项，如图 4-32 所示。

图 4-32

第3步 弹出【函数参数】对话框，① 设置 Number 为 "C6"，Ref 为 "C2:C10"，Order 为 "0"，② 单击【确定】按钮，如图 4-33 所示。

图 4-33

第4步 此时在单元格 C11 中显示 285 分的排名为第 3 位，并且在编辑栏中显示完整的公式，如图 4-34 所示。

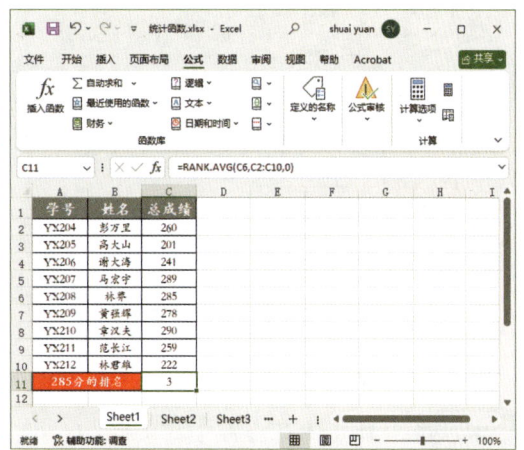

图 4-34

知识拓展

RANK.AVG 函数的语法结构为：RANK.AVG（number, ref, [order]）。其中，number 为必需参数，是要查找其排位的数字；ref 为必需参数，是数字列表数组或对数字列表的引用，非数值型值将被忽略；order 为可选参数，是一个指定排位方式的数字。

4.3.2 财务函数——计算实际盈利率

在本例中，假设要投资某工程，投资金额为 30000 元，融资方同意每年偿付 10000 元，共付 4 年，那么如何知道这项投资的回报率呢？对于这种周期性偿付或一次性偿付的投资，可以用 RATE 函数计算出实际盈利率。下面详细介绍其操作方法。

<< 扫左侧二维码可获取本小节配套视频课程

第1步 打开本例的素材文件"财务函数.xlsx"，① 选择单元格 B5，② 在【公式】选项卡下单击【函数库】组中的【插入函数】按钮，如图 4-35 所示。

第2步 弹出【插入函数】对话框，① 设置【或选择类别】为【财务】，② 在【选择函数】列表框中双击【RATE】选项，如图 4-36 所示。

图 4-35

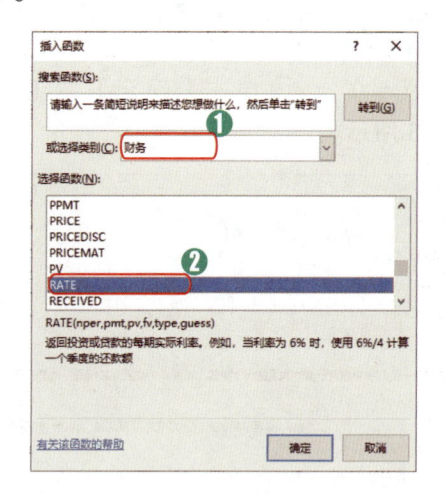

图 4-36

第3步 弹出【函数参数】对话框，① 设置 Nper 为"4"，Pmt 为"10000"，Pv 为"-30000"，Fv 为"0"，Type 为"0"，② 单击【确定】按钮，如图 4-37 所示。

第4步 此时在单元格 B5 中显示计算结果为 13%。为了让数据更加精确，可以增加一位小数位数，在【开始】选项卡下的【数字】组中单击【增加小数位数】按钮，如图 4-38 所示。

第 4 章
用好公式与函数

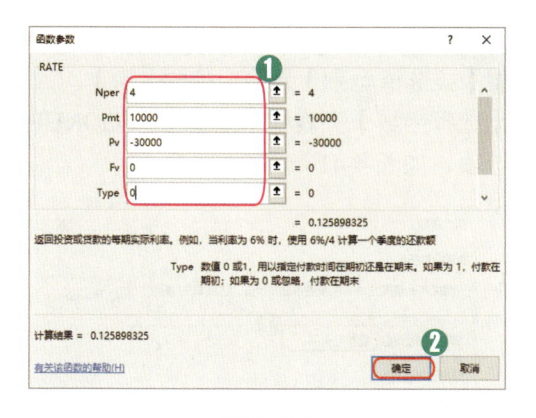

图 4-37

图 4-38

第 5 步 此时可以看到显示该项投资的盈利率为 12.6%，可以根据这个值判断是否满意这项投资，或是决定投资其他项目，或是重新谈判每年的偿还额，如图 4-39 所示。

※ **经验之谈**

财务函数是用来进行财务处理的函数，可以进行一般的财务计算，例如，确定贷款的支付额、投资的未来值或净现值、债券或息票的价值。其中，RATE 函数可以返回年金的各期利率，通过迭代法计算得出结果。

图 4-39

知识拓展

RATE 函数的语法为：RATE（nper,pmt,pv,fv,type,guess）。其中，参数 nper 为总投资期，即该项投资的付款期总数；参数 pmt 为各期所应支付的金额，其数值在整个年金期间保持不变；参数 pv 为现值，即从该项投资开始计算时已经入账的款项，或一系列未来付款当前值的累积和，也称为本金；参数 fv 为未来值，或在最后一次付款后希望得到的现金余额；参数 type 为数字 0 或 1，用于指定各期的付款时间是在期初（1）还是期末（0 或省略）；参数 guess 为预期利率，如果省略，则假定其值为 10%。

4.3.3 查找与引用函数——查询学号为"YX209"的学生姓名

当需要在数据清单或表格中查找特定数值，或者需要查找某一单元格的引用时，可以使用查找与引用函数。其中 VLOOKUP 函数可以搜索某个单元格区域的第一列，然后返回该区域相同行上任何单元格中的值。本例讲解如何使用 VLOOKUP 函数查询学号为"YX209"的学生姓名。

<< 扫左侧二维码可获取本小节配套视频课程

第1步 打开本例的素材文件"查找与引用函数.xlsx"，① 选择单元格C11，② 在【公式】选项卡下单击【函数库】组中的【插入函数】按钮，如图4-40所示。

第2步 弹出【插入函数】对话框，① 设置【或选择类别】为【查找与引用】，② 在【选择函数】列表框中双击【VLOOKUP】选项，如图4-41所示。

图4-40

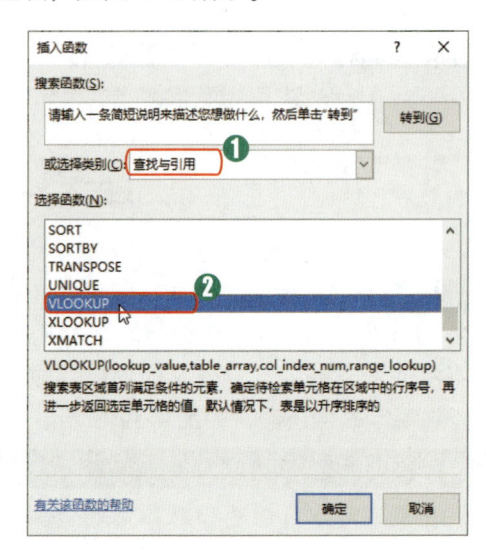

图4-41

第3步 弹出【函数参数】对话框，① 设置 Lookup_value 为"A7"，Table_array 为"A2:C10"，Col_index_num 为"2"，Range_lookup 为"FALSE"，② 单击【确定】按钮，如图4-42所示。

第4步 此时在单元格C11中显示了计算结果，即学号是YX209的学生姓名为黄强辉，如图4-43所示。

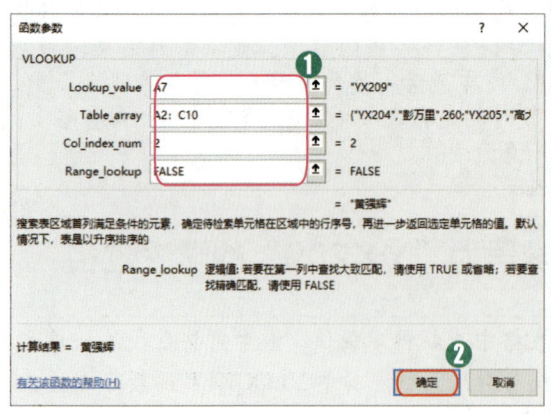

图4-42

图4-43

第4章 用好公式与函数

知识拓展

VLOOKUP 函数的语法为：VLOOKUP（lookup_value,table_array,col_index_num,range_lookup）。其中，参数 lookup_value 为要在数据表第一列中查找的数值，可为数字、引用或文本字符串。参数 table_array 为需要在其中查找数据的数据表，可使用对区域或区域名称的引用。参数 col_index_num 为 table_array 中待返回的匹配值的列序号，为 1 时返回 table_array 第一列的数值，为 2 时返回 table_array 第二列的数值，依此类推。参数 range_lookup 为一逻辑值，指明函数查找时是精确匹配还是近似匹配，如果为 true 或省略就查找近似匹配值，如果为 false 就查找精确匹配值，如果找不到则返回错误值 #N/A。

4.3.4 逻辑函数——判断降温补贴金额

本例中，某公司要根据员工工资级别为其发放降温补贴，工资级别为 6 级以上（含 6 级）发放降温补贴 600 元，否则发放 350 元。该例是最基础的 IF 函数应用，可以先判断工资级别是否大于 5（或大于或等于 6），如果为真，就返回 600，否则返回 350。下面详细介绍其操作方法。

<< 扫左侧二维码可获取本小节配套视频课程

第 1 步 打开本例的素材文件"逻辑函数.xlsx"，①选择 C2 单元格，②在【公式】选项卡下单击【函数库】组中的【插入函数】按钮，如图 4-44 所示。

第 2 步 弹出【插入函数】对话框，①设置【或选择类别】为【逻辑】，②在【选择函数】列表框中选择【IF】选项，③单击【确定】按钮，如图 4-45 所示。

图 4-44

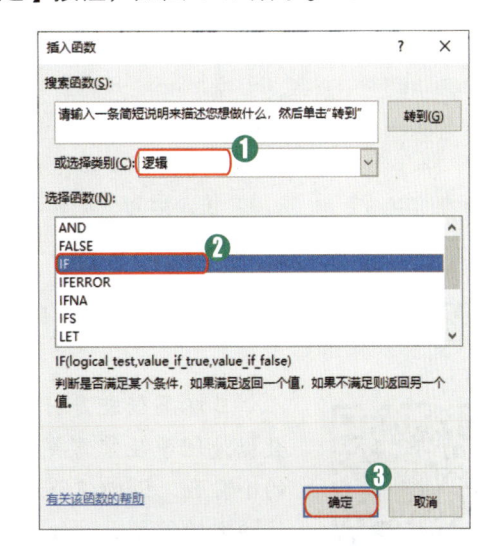

图 4-45

第3步　弹出【函数参数】对话框，① 设置 Logical_test 为 "B2>=6"，Value_if_true 为 "600"，Value_if_false 为 "350"，② 单击【确定】按钮，如图 4-46 所示。

第4步　可以在 C2 单元格内看到计算结果，计算出该名员工的降温补贴为 350 元，如图 4-47 所示。

图 4-46

图 4-47

第5步　使用填充功能即可计算出所有员工的降温补贴金额，可以看出，工资级别大于或等于 6 的员工李四和王六的降温补贴为 600 元，工资级别低于 6 的员工的降温补贴均为 350 元，如图 4-48 所示。

※ 经验之谈

IF 函数的作用是根据逻辑计算的真假值，返回相应的内容。IF 函数的语法结构如下：IF(logical_test,value_if_true,value_if_false)。其中，logical_test 表示计算结果为 true 或 false 的任意值或表达式。value_if_true 为 logical_test 为 true 时返回的值。value_if_false 为 logical_test 为 false 时返回的值。

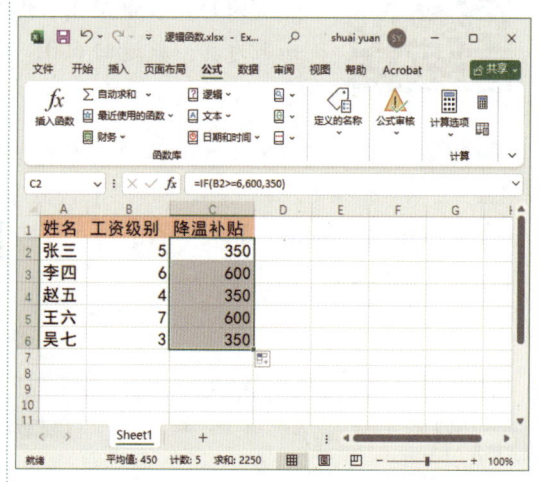

图 4-48

4.3.5　日期与时间函数——计算用餐时间

日期函数就是针对日期处理运算的函数，像人事数据处理、财务数据处理等经常需要用到日期函数。其中 HOUR 函数用于返回实践中的小时数，返回值范围为 0~23。本例详细介绍使用 HOUR 函数计算每位顾客的用餐小时数。

<< 扫左侧二维码可获取本小节配套视频课程

第 4 章 用好公式与函数

第1步 打开本例的素材文件"日期与时间函数.xlsx",①选择 D2 单元格,②在【公式】选项卡下单击【函数库】组中的【插入函数】按钮,如图 4-49 所示。

图 4-49

第2步 弹出【插入函数】对话框,①设置【或选择类别】为【日期与时间】,②在【选择函数】列表框中双击【HOUR】选项,如图 4-50 所示。

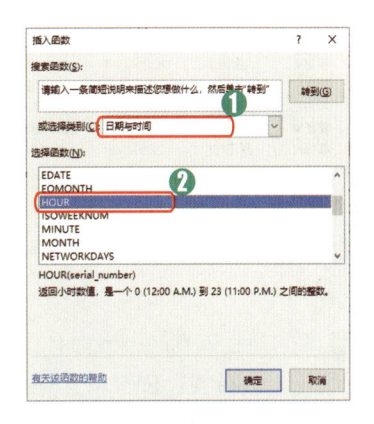

图 4-50

第3步 弹出【函数参数】对话框,①设置 Serial_number 为"C2-B2",②单击【确定】按钮,如图 4-51 所示。

第4步 此时在单元格 D2 中显示了该位顾客的用餐小时数,向下填充即可计算每位顾客的用餐小时数,如图 4-52 所示。

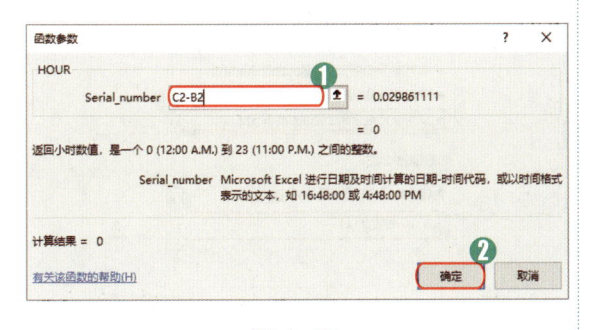

图 4-51

图 4-52

4.4 效率倍增案例——高效找出两个表格数据的差异

工作报表制作好之后通常需要发给领导审核,领导审核后做了调整又发了回来,如图 4-53 所示。这时候如何和原来的表格对比,在这两个工作表中找出差异的部分呢?

129

早做完，不加班
Excel 数据处理效率手册

项目	负责人	启动时间	截止时间	验收时间
项目A	韩正	2021/4/20	2021/8/20	2021/9/11
项目B	史静芳	2021/4/17	2021/5/23	2021/7/1
项目C	刘磊	2021/2/11	2021/7/14	2021/8/17
项目D	马欢欢	2021/3/22	2021/8/14	2021/9/18
项目E	苏桥	2021/4/10	2021/8/5	2021/8/20
项目F	金汪洋	2021/2/27	2021/7/27	2021/7/10
项目G	谢兰丽	2021/2/2	2021/8/12	2021/9/2
项目H	朱丽	2021/3/19	2021/7/5	2021/7/23
项目I	陈晓红	2021/2/25	2021/7/13	2021/8/9
项目J	雷芳	2021/2/16	2021/6/24	2021/7/14
项目K	吴明	2021/1/28	2021/8/2	2021/8/27
项目L	李琴	2021/2/17	2021/7/17	2021/8/22
项目M	张永立	2021/1/13	2021/5/21	2021/6/18
项目N	周玉彬	2021/3/2	2021/8/9	2021/8/23

项目	负责人	启动时间	截止时间	验收时间
项目A	韩正	2021/4/20	2021/8/20	2021/9/11
项目B	史静芳	2021/4/17	2021/5/23	2021/7/1
项目C	刘磊	2021/2/11	2021/7/14	2021/8/17
项目D	马欢欢	2021/3/22	2021/8/14	2021/9/17
项目E	苏桥	2021/4/10	2021/8/5	2021/8/20
项目F	金汪洋	2021/2/27	2021/7/27	2021/7/10
项目G	谢兰丽	2021/2/2	2021/8/12	2021/9/2
项目H	朱丽	2021/3/19	2021/7/5	2021/7/20
项目I	陈晓红	2021/2/25	2021/7/13	2021/8/9
项目J	雷芳	2021/2/16	2021/6/24	2021/7/14
项目K	吴明	2021/1/28	2021/8/2	2021/8/27
项目L	李琴	2021/2/17	2021/7/17	2021/8/21
项目M	张永立	2021/1/13	2021/5/21	2021/6/18
项目N	周玉彬	2021/3/2	2021/8/9	2021/8/23

图 4-53

如果要核对这种情况的表格，可以借助条件格式功能，从而对每个单元格进行比较，具体操作步骤如下。

第1步 打开本例的素材文件"项目进度表.xlsx"，① 选择 A1:E15 单元格区域，② 在【开始】选项卡中单击【条件格式】下拉按钮，③ 选择【新建规则】选项，如图 4-54 所示。

图 4-54

第3步 弹出【设置单元格格式】对话框，① 选择【填充】选项卡，② 选择准备填充的颜色，③ 单击【确定】按钮，如图 4-56 所示。

第2步 弹出【新建格式规则】对话框，① 在【选择规则类型】列表框中选择【使用公式确定要设置格式的单元格】选项，② 在【为符合此公式的值设置格式】下方的编辑框中输入公式，③ 单击【格式】按钮，如图 4-55 所示。

图 4-55

第4步 返回到【新建格式规则】对话框中，可以在【预览】右侧的预览框中观察到设置的颜色效果，单击【确定】按钮，如图 4-57 所示。

第 4 章
用好公式与函数

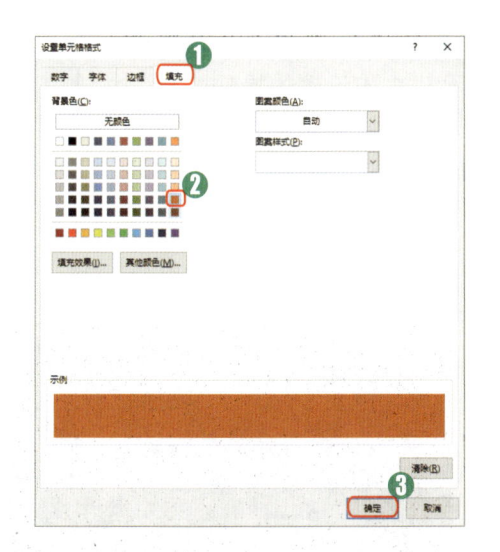

图 4-56

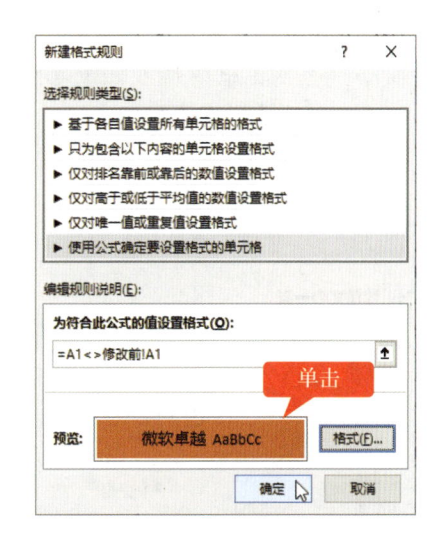

图 4-57

第 5 步 返回到工作表中，可以看到已经将修改后的工作表不同之处用设置的颜色显示出来了，如图 4-58 所示。

※ **经验之谈**

公式中的"＜＞"表示不等于，将当前工作表和修改前表的 A1 单元格内容进行对比，如果不相等，则按照第 2 步的样式，突出标记单元格。

图 4-58

4.5 AI 办公——使用文心一言生成 VBA 代码应对各种数据处理挑战

当面对海量数据，使用公式处理已经力不从心时，用户可以使用文心一言构建代码。只需提出需求，它就能迅速生成 VBA 代码，助你轻松应对各种数据处理挑战。

＜＜ 扫左侧二维码可获取本小节配套视频课程

131

第1步　打开浏览器，输入网址"https://yiyan.baidu.com/"，进入文心一言网站，① 在文心一言对话框中输入如图4-59所示的指令，② 单击【发送】按钮 。

第2步　文心一言会根据用户发送的指令，提示解决该问题的操作步骤，并给出VBA代码，如图4-60所示。最后用户只需要按照提示的操作步骤在Excel中进行操作即可。

图 4-59　　　　　　　　　　　图 4-60

4.6　不加班问答实录

4.6.1　如何查询函数

只知道某个函数的类别或者功能，不知道函数名，该如何迅速查询到该函数？用户可以通过【插入函数】对话框快速查找函数。在Excel中选择【公式】选项卡，在【函数库】组中单击【插入函数】按钮，就会弹出【插入函数】对话框，在其中查找函数的方法主要有两种。

> 在【或选择类别】下拉列表框中按照类别查找，如图4-61所示。

> 在【搜索函数】文本框中输入所需函数的函数功能，然后单击【转到】按钮，在【选择函数】列表框中就会出现系统推荐的函数，如图4-62所示。

如果说明栏的函数信息不够详细，难以理解，在电脑连接Internet网络的情况下，用户可以利用帮助功能。在【选择函数】列表框中选中某个函数后，单击左下角的【有关该函数的帮助】链接，打开【Excel 帮助】页面，其中对函数进行了详细的介绍并提供了示例，可以满足大部分人的需求，如图4-63和图4-64所示。

图 4-61

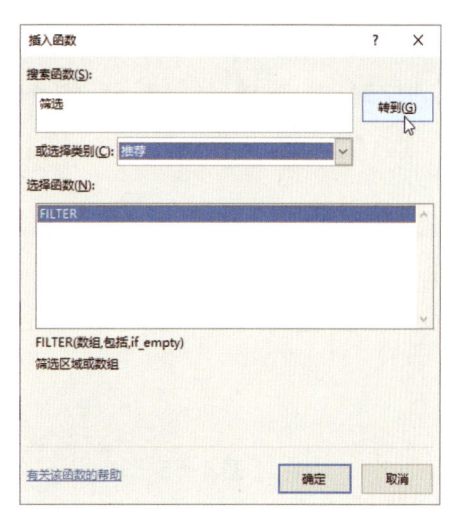

图 4-62

图 4-63

图 4-64

4.6.2 如何使用嵌套函数

函数的嵌套是指在一个函数中使用另一个函数的值作为参数。公式中最多可以包含七级嵌套函数,当函数 B 作为函数 A 的参数时,函数 B 称为第二级函数,如果函数 C 又是函数 B 的参数,则函数 C 称为第三级函数,依此类推。下面介绍使用嵌套函数的操作方法。

首先打开素材文件"嵌套函数.xlsx",选中 C1 单元格,输入如下函数"=IF(AVERAGE(A1:A3) >20,SUM(B1:B3) ,0)",单击【输入】按钮,如图 4-65 所示。

然后在 C1 单元格中即可显示计算结果,如图 4-66 所示。

图 4-65　　　　　　　　　　　　　图 4-66

上述步骤中函数表达式的意义为：当 A1:A3 单元格区域中数字的平均值大于 20 时，返回单元格区域 B1:B3 的求和结果，否则将返回 0。嵌套函数一般通过手动输入，输入时可以利用鼠标辅助引用单元格。

4.6.3　如何定义公式名称

经常使用某单元格的公式时，可以为该单元格定义一个名称，以后直接用定义的名称代表该单元格的公式即可。定义名称就是为所选单元格或单元格区域指定一个名称。下面介绍定义公式名称的方法。

首先打开素材文件"考评成绩表 1.xlsx"，选中公式所在的单元格 C9，然后选择【公式】选项卡，在【定义的名称】组中单击【定义名称】按钮，如图 4-67 所示。

接着打开【新建名称】对话框，在【名称】文本框中输入名称，单击【确定】按钮，如图 4-68 所示。

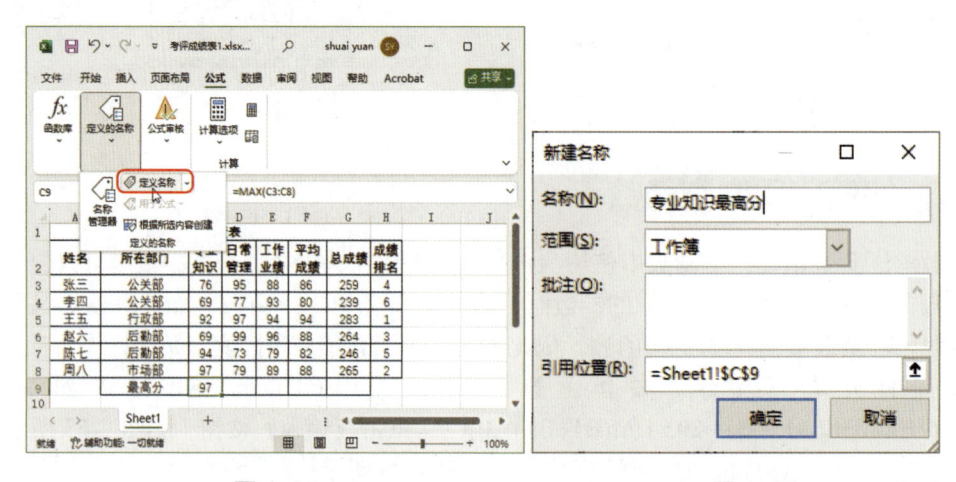

图 4-67　　　　　　　　　　　　　图 4-68

返回到表格中，可以看到在名称框中显示了刚刚设置的 C9 单元格的公式名称，如图 4-69 所示。

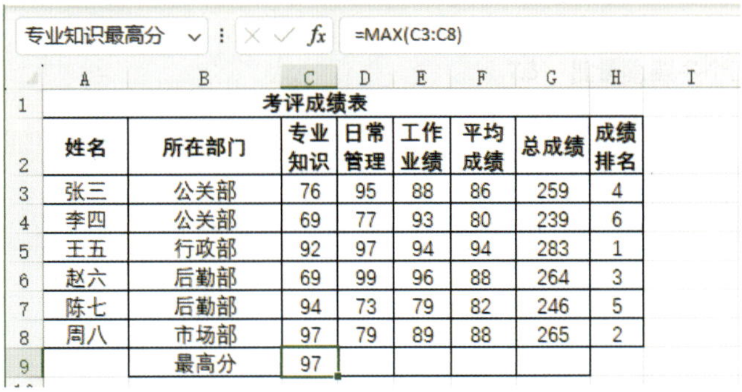

考评成绩表							
姓名	所在部门	专业知识	日常管理	工作业绩	平均成绩	总成绩	成绩排名
张三	公关部	76	95	88	86	259	4
李四	公关部	69	77	93	80	239	6
王五	行政部	92	97	94	94	283	1
赵六	后勤部	69	99	96	88	264	3
陈七	后勤部	94	73	79	82	246	5
周八	市场部	97	79	89	88	265	2
	最高分	97					

图 4-69

早 做 完 ， 不 加 班

扫码获取本章学习素材

第 5 章

数据分析与预测

本章知识要点

- ◎ 使用条件格式分析数据
- ◎ 人人都应会的数据分析
- ◎ 数据预测分析
- ◎ 效率倍增案例——计算不同年限贷款月偿还额
- ◎ AI办公——使用WPS AI快速生成函数公式

本章主要内容

　　本章主要介绍数据分析与预测的相关知识和技巧，主要内容包括使用条件格式分析数据、数据分析、数据预测分析、计算不同年限贷款月偿还额，最后还介绍使用WPS AI快速生成函数公式的操作方法，并对一些常见的Excel问题进行了解答。

5.1 使用条件格式分析数据

条件格式是 Excel 的一项重要功能，如果指定的单元格满足了特定条件，Excel 就会将底纹、字体、颜色等格式应用到该单元格中，一般会突出显示满足条件的数据。本节将详细介绍使用 Excel 自带的条件格式分析数据的相关知识及操作方法。

5.1.1 突出显示平均分在指定分数之间的数据

本例需要分析出平均分在 80~100 分的数据，并以特殊格式突出显示。用户可以通过【突出显示单元格规则】中的【介于】选项来实现该效果。

<< 扫左侧二维码可获取本小节配套视频课程

第1步 打开本例的素材文件"成绩表.xlsx"，选中 H3:H12 单元格区域，① 在【开始】选项卡下的【样式】组中单击【条件格式】下拉按钮，② 选择【突出显示单元格规则】选项，③ 选择【介于】选项，如图 5-1 所示。

第2步 弹出【介于】对话框，① 在【为介于以下值之间的单元格设置格式】文本框中输入数值，② 在【设置为】下拉列表框中选择【浅红填充色深红色文本】选项，③ 单击【确定】按钮，如图 5-2 所示。

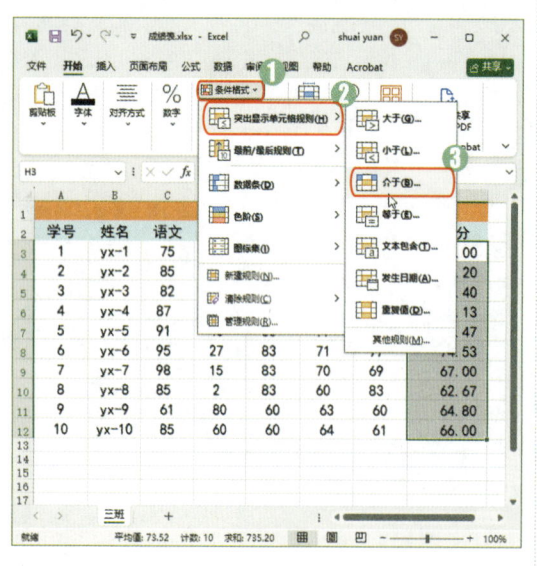

图 5-1

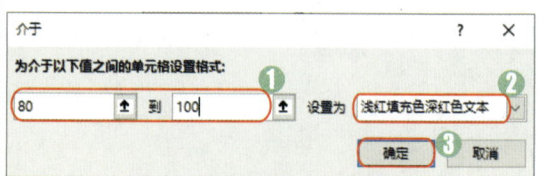

图 5-2

第 5 章
数据分析与预测

第3步 此时平均分在 80~100 分的数据显示为浅红填充色深红色文本，如图 5-3 所示。

※ 经验之谈

条件格式中的【突出显示单元格规则】选项可以进行简单的逻辑判断，如等于、大于、小于、包含等，标记符合条件的数据。

图 5-3

5.1.2 突出显示排名前几位的数据

本例需要分析出平均成绩排名前 5 的数据，并以特殊格式突出显示，用户可以通过【最前/最后规则】中的【前 10 项】选项来实现该效果。

<< 扫左侧二维码可获取本小节配套视频课程

第1步 打开本例的素材文件"成绩表1.xlsx"，选中 G2:G15 单元格区域，① 在【开始】选项卡下的【样式】组中单击【条件格式】下拉按钮，② 选择【最前/最后规则】选项，③ 选择【前 10 项】选项，如图 5-4 所示。

第2步 弹出【前 10 项】对话框，① 在【为值最大的那些单元格设置格式】微调框中输入"5"，② 在【设置为】下拉列表框中选择【浅红填充色深红色文本】选项，③ 单击【确定】按钮，如图 5-5 所示。

图 5-4

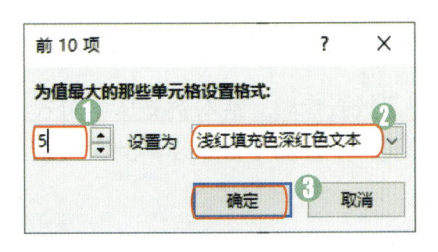

图 5-5

139

早做完，不加班
Excel 数据处理效率手册

第 3 步 可以看到平均成绩排名前 5 的学生成绩显示为浅红填充色深红色文本，如图 5-6 所示。

※ **经验之谈**

在工作表中，如果需要找出数据前 N 项或者后 N 项，则需要使用条件格式中的【最前/最后规则】选项。

图 5-6

知识拓展

在【开始】选项卡中单击【条件格式】按钮，可以看到多个不同的选项，大致可以分为以下三类。格式化规则：按规则用字体格式、单元格格式突出显示符合条件的区域。图形化规则：分别用数据条、色阶、图标三种图形元素，按规则将选区内的数据标识出来。规则管理工具：自定义、清除和编辑规则，修改规则的应用范围。

5.1.3 突出显示符合特定条件的单元格

本例需要分析出学校名称中不是"湛江市"的数据，并以特殊格式突出显示。用户可以通过使用文本筛选中的排除文本的规则来实现该效果。

<< 扫左侧二维码可获取本小节配套视频课程

第 1 步 打开本例的素材文件"排名表.xlsx"，选中 C2:C21 单元格区域，① 在【开始】选项卡下的【样式】组中单击【条件格式】下拉按钮，② 选择【新建规则】选项，如图 5-7 所示。

第 2 步 弹出【新建格式规则】对话框，① 在【选择规则类型】列表框中选择【只为包含以下内容的单元格设置格式】选项，② 在【只为满足以下条件的单元格设置格式】区域设置详细条件内容，③ 单击【格式】按钮，如图 5-8 所示。

140

第 5 章
数据分析与预测

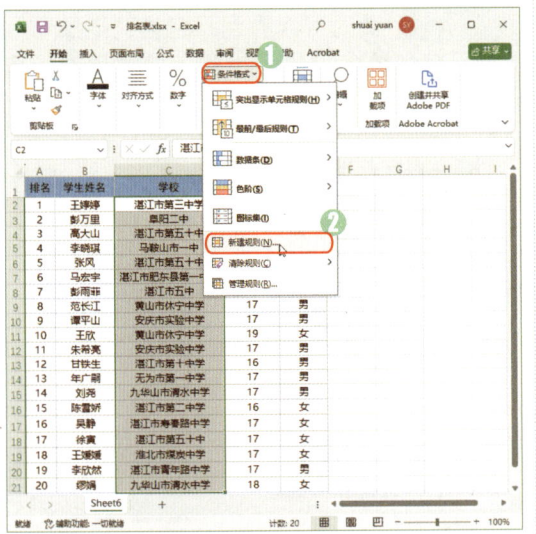

图 5-7

图 5-8

第3步 弹出【设置单元格格式】对话框，① 选择【字体】选项卡，② 设置【字形】为【加粗倾斜】，如图 5-9 所示。

第4步 ① 切换到【填充】选项卡，② 在【背景色】区域中选择一种颜色，③ 单击【确定】按钮，如图 5-10 所示。

图 5-9

图 5-10

141

第 5 步 返回到【新建格式规则】对话框，在【预览】区域可以观察到设置的效果，单击【确定】按钮，如图 5-11 所示。

第 6 步 此时可以看到不包含"湛江市"的所有学校名称显示为褐色底纹填充、黑色倾斜字体，如图 5-12 所示。

图 5-11

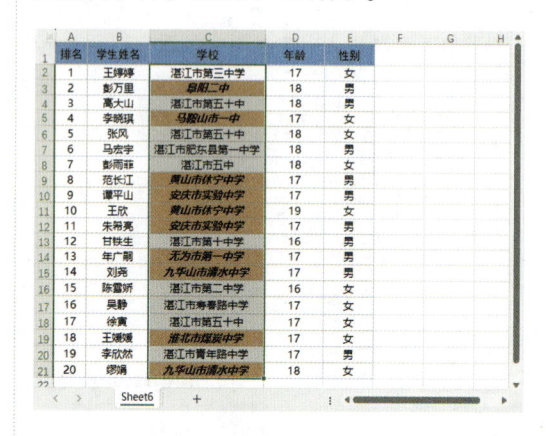

图 5-12

5.1.4 早做完秘籍 ①——使用数据条快速对比数据大小

在大量的销售数据中，很难直接看出数据的排名，尤其是数据的数量级较大的时候。这时可以把数据转换成数据条的形式，通过对比数据条的长度，就能快速判断数据的大小，如图 5-13 所示。

下面介绍以数据条长度突出显示当月销量的操作方法。本例需要使用【条件格式】→【数据条】选项，适用于需要让数据在单元格中产生条形图效果的工作场景。

<< 扫左侧二维码可获取本小节配套视频课程

图 5-13

第 1 步　打开素材文件"销量表.xlsx"，选中 B2:B21 单元格区域，① 在【开始】选项卡下的【样式】组中单击【条件格式】下拉按钮，② 选择【数据条】选项，③ 在展开的列表中选择一种样式，如图 5-14 所示。

第 2 步　可以看到 B 列的每一个单元格当中显示了一个条形图，并且根据数值的大小显示了不同的长度。根据这些数据条的图形可以对各种车型的销量快速有一个直观的了解，如图 5-15 所示。

图 5-14

图 5-15

知识拓展

如果在上述基础上希望 B 列单元格只显示数据条图形，不显示具体数值，可以选择【条件格式】→【管理规则】选项，打开【条件格式规则管理器】对话框，单击【编辑规则】按钮，打开【编辑格式规则】对话框，勾选【仅显示数据条】复选框即可。

5.1.5　早做完秘籍 ②——使用色阶通过颜色的深浅比较数据

在 Excel 中，【色阶】选项可以在一个单元格区域中填充深浅不同的颜色，通过颜色的深浅就可以快速比较单元格中数值的大小，从而实现数据可视化，让数据更容易读懂，如图 5-16 所示。

下面详细介绍使用【色阶】选项显示气温分布规律的操作方法。

<< 扫左侧二维码可获取本小节配套视频课程

143

城市	一月	二月	三月	四月	五月	六月	七月	八月	九月	十月	十一月	十二月
北京	-2.3	2.9	7.8	16.3	20.5	24.9	26	24.9	21.2	14	6.4	-0.5
呼和浩特	10.2	3.7	1.4	13	15.6	21	22.8	20	15.7	7.8	1.1	5.9
沈阳	9.4	3	2.1	12.5	18	23.9	24.3	23.1	18.8	11.9	2.2	-9.2
上海	4.1	8.6	9.9	16.2	20.9	24.4	29.8	29.9	24.3	19.2	14.6	9.1
武汉	4.5	11.2	12.6	20.1	23.3	25.6	29.9	27.5	24.8	18.5	13.9	7.3
广州	13.4	16.4	18.1	23.7	25.9	28.9	28.7	29.4	27.8	23.9	21.2	16.5
重庆	8.5	10.6	14.2	21	22.1	24	28.5	28.5	23.4	16.7	13.6	9.6
西安	1.6	6.7	11.3	18.7	22	26.2	27.8	25.1	20.6	13.7	7.8	2.9

图 5-16

第1步 打开素材文件"气温表.xlsx"，选中 B2:M9 单元格区域，① 在【开始】选项卡下的【样式】组中单击【条件格式】下拉按钮，② 选择【色阶】选项，③ 在展开的列表中选择一种样式，如图 5-17 所示。

第2步 可以看到选中的区域会显示不同的颜色，并且根据数值的大小依次按照红色→黄色→绿色的顺序显示过渡渐变。通过这些颜色的显示，可以非常直观地展现数据分布的规律，了解到第 5~8 行的城市夏季温度和持续长度明显高于第 3、4 行的城市，如图 5-18 所示。

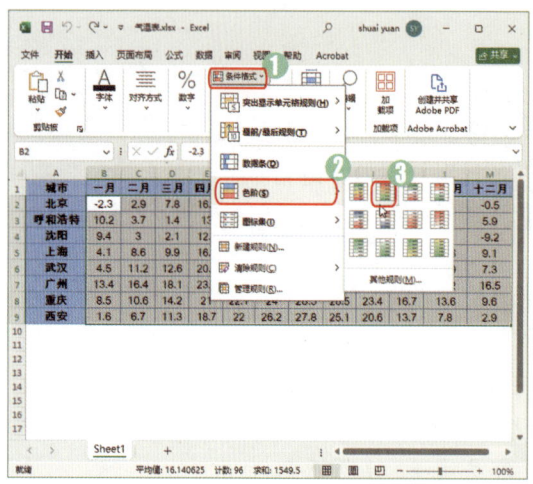

图 5-17

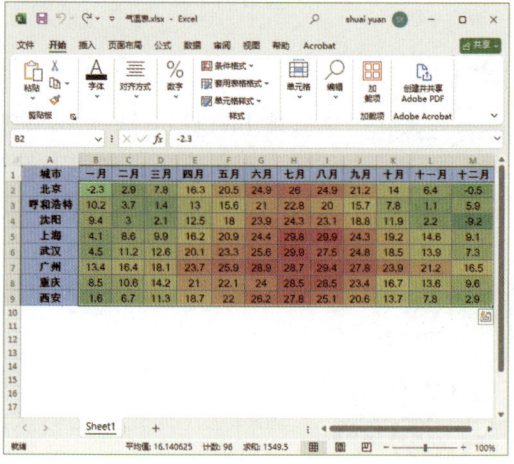

图 5-18

5.2 人人都应会的数据分析

在工作表中输入数据主要是为了对数据进行整理和分析，数据分析是非常重要的一个环节，技术含量比较高，它不仅考验用户对 Excel 的掌握能力，还考验用户本身的分析水平。本节将详细介绍利用排序和筛选等功能进行数据分析的相关知识及操作方法。

5.2.1 用复杂排序分析员工任务量

在实际操作过程中，有时需要同时满足多个条件来对数据进行排序，这里要用到 Excel 中的多关键字复杂排序功能。在【排序】对话框中，不仅可以设置主要的排序条件，还可以设置一种或多种次要的排序条件，使工作表能根据复合的条件进行排序。下面详细介绍用复杂排序分析员工任务量的操作方法。

<< 扫左侧二维码可获取本小节配套视频课程

第1步 打开本例的素材文件"任务量统计.xlsx"，① 选择【数据】选项卡，② 在【排序和筛选】组中单击【排序】按钮，如图 5-19 所示。

第2步 弹出【排序】对话框，① 设置【主要关键字】为"完成固定任务的数量"，【排序依据】为"单元格值"，【次序】为"升序"，② 单击【添加条件】按钮，如图 5-20 所示。

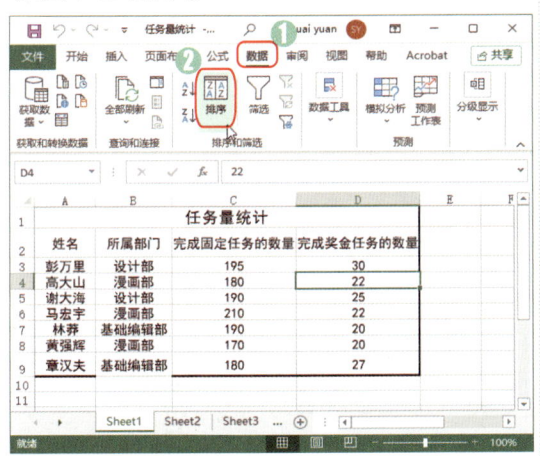

图 5-19

图 5-20

第3步 此时可以看到对话框中显示了一个次要条件，① 设置【次要关键字】为"完成奖金任务的数量"，【排序依据】为"单元格值"、【次序】为"升序"，② 单击【确定】按钮，如图 5-21 所示。

第4步 返回工作表后，可以看见工作表中数据的排序效果：先以"完成固定任务的数量"为依据进行升序排列，当"完成固定任务的数量"相同的时候，再以"完成奖金任务的数量"为依据进行升序排列，如图 5-22 所示。

图 5-21　　　　　　　　　　　图 5-22

5.2.2 用自定义排序分析公司各部门任务量

排序方式一般可以设置为【升序】或【降序】，但是有些内容并不存在升降的关系，这时可以根据实际需求设置自定义的序列用于排序。本例详细介绍用自定义排序分析公司各部门任务量的操作方法。

<< 扫左侧二维码可获取本小节配套视频课程

第1步 打开本例的素材文件"任务量统计.xlsx"，① 选择【数据】选项卡，② 在【排序和筛选】组中单击【排序】按钮，如图 5-23 所示。

第2步 弹出【排序】对话框，在【次序】下拉列表框中选择【自定义序列】选项，如图 5-24 所示。

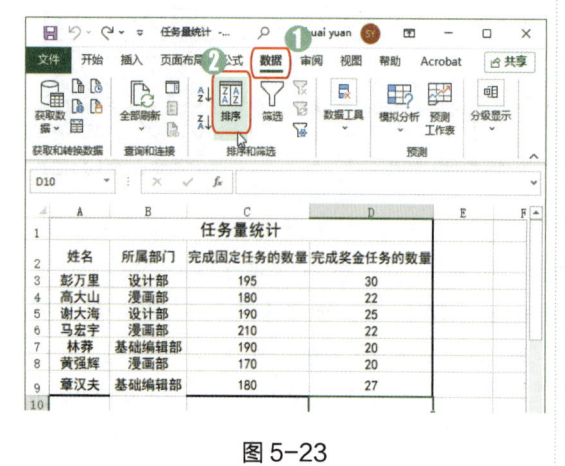

图 5-23　　　　　　　　　　　图 5-24

第 5 章 数据分析与预测

第3步 弹出【自定义序列】对话框，① 在【输入序列】文本框中输入自定义的序列顺序，各选项间按【Enter】键进行分隔，② 单击【添加】按钮，如图 5-25 所示。

第4步 此时在【自定义序列】列表框中显示出自定义的序列内容，单击【确定】按钮，如图 5-26 所示。

图 5-25

图 5-26

第5步 返回到【排序】对话框，系统自动显示了自定义的次序，① 设置【主要关键字】为"所属部门"，【排序依据】为【单元格值】，② 单击【确定】按钮，如图 5-27 所示。

第6步 返回工作表，可以看见 B 列单元格中的"所属部门"根据自定义的序列进行了排序，如图 5-28 所示。

图 5-27

图 5-28

知识拓展

为相同类型的单元格设置单元格颜色或字体颜色后，还可以按【单元格颜色】或【字体颜色】进行排序。只需在设置【主要关键字】或【次要关键字】后，在【排序依据】下拉列表框中选择【单元格颜色】或【字体颜色】，并在【次序】下拉列表框中选择相应的颜色，Excel 就会按照优先级对单元格或字体颜色进行排序。

147

5.2.3 用特定条件筛选出符合条件的老师

筛选功能提供的特定条件有【等于】、【不等于】、【开头是】、【结尾是】等多种，可完成更复杂的数据筛选工作。本例详细介绍用特定条件筛选出符合条件的老师的操作方法。

<< 扫左侧二维码可获取本小节配套视频课程

第1步　打开本例的素材文件"特定条件筛选.xlsx"，① 选择单元格区域 A2:F2，② 选择【数据】选项卡，③ 单击【排序和筛选】组中的【筛选】按钮，如图 5-29 所示。

第2步　① 单击单元格 E2 右下角的【筛选】按钮，② 在展开的下拉列表中选择【文本筛选】→【开头是】选项，如图 5-30 所示。

图 5-29

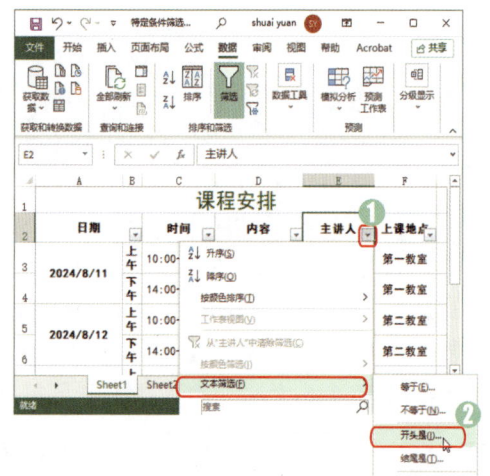

图 5-30

第3步　弹出【自定义自动筛选方式】对话框，① 在【主讲人】下方的文本框中输入"袁"，② 单击【确定】按钮，如图 5-31 所示。

第4步　此时已筛选出主讲人姓"袁"的老师的课程安排，如图 5-32 所示。这样即可完成对指定数据进行筛选的操作。

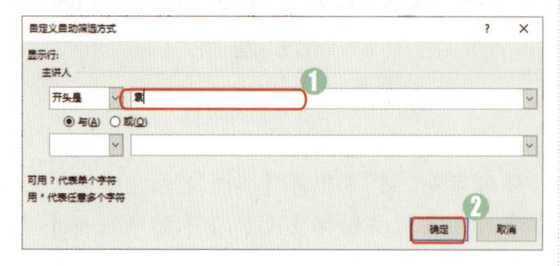

图 5-31

图 5-32

> **知识拓展**

清除已有的筛选条件的操作方法如下：单击【数据】选项卡下【排序和筛选】组中的【筛选】按钮或【清除】按钮即可。

5.2.4 早做完秘籍 ③——用通配符快速筛选数据

通配符，顾名思义，就是通用的字符，它能够代替任何字符。在 Excel 中的通配符有以下三种，分别是"?""*""~"，其中运用得比较多的是问号和星号。具体含义解释如下。

- "?"：表示单个字符。例如输入"ab?d"，可找到"abcd"和"abtd"。
- "*"：匹配任意数量字符。例如输入"*east"，可找到"northeast"和"southeast"。
- "~"：将已有通配符转为普通字符。例如，输入"fy07~?"，可找到"fy07？"；输入"fy05~*"，可找到"fy05*"。

下面以筛选出所有姓为"赵"的人员为例，来详细介绍使用通配符快速筛选数据的操作方法。

<< 扫左侧二维码可获取本小节配套视频课程

第 1 步 打开素材文件"工资表 .xlsx"，在工作表之外的单元格区域 G1:G2 中输入筛选条件。这里的筛选条件为"赵 *"，表示筛选出第一个字符为"赵"的所有字符串，如图 5-33 所示。

第 2 步 ① 选择【数据】选项卡，② 在【排序和筛选】组中单击【高级】按钮，如图 5-34 所示。

图 5-33

图 5-34

第3步 弹出【高级筛选】对话框，① 在【列表区域】文本框中选择要筛选的数据区域，② 在【条件区域】文本框中选择筛选条件区域，③ 单击【确定】按钮，如图 5-35 所示。

第4步 这样就把"姓名"列中以"赵"开头的数据全部都筛选出来了，如图 5-36 所示。

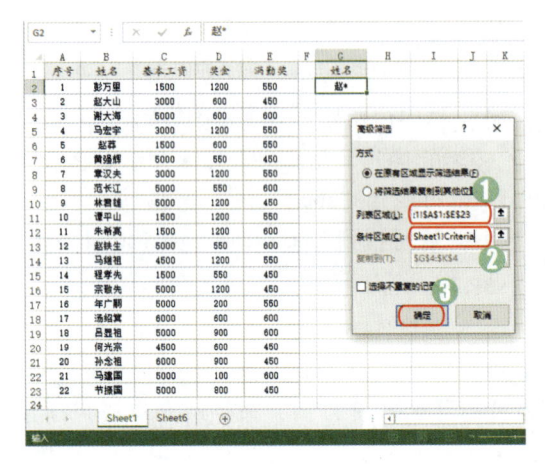

图 5-35

图 5-36

5.3 数据预测分析

在 Excel 2021 的【数据】选项卡下，除了上面介绍的常用的数据分析工具，还有一个预测功能，即【预测】组中的【模拟分析】工具。本节将详细介绍数据预测分析的相关知识及操作方法。

5.3.1 单变量求解

单变量求解是解决假定一个公式要取的某一结果值，其中变量的引用单元格应取值为多少的问题。简单来说，$y = ax + b$，我们知道了 y 的值，需要反算 x 的值，这个过程我们叫解方程。放在 Excel 中，知道目标值 y，通过多次迭代计算来求 x 的值，就叫作单变量求解。本例中，某仓库存放的大米运出 15% 后，还剩余 42500 千克，请问：这个仓库原来有多少千克大米？利用单变量求解，很轻松就可以获取仓库原来大米的质量。

<< 扫左侧二维码可获取本小节配套视频课程

第 5 章 数据分析与预测

第1步 打开本例的素材文件"单变量求解.xlsx"，① 在 B2 单元格中输入公式"=A2-15%*A2"，② 单击【输入】按钮 ✓，如图 5-37 所示。

第2步 ① 选择【数据】选项卡，② 在【预测】组中单击【模拟分析】下拉按钮，③ 在弹出的下拉列表中选择【单变量求解】选项，如图 5-38 所示。

图 5-37

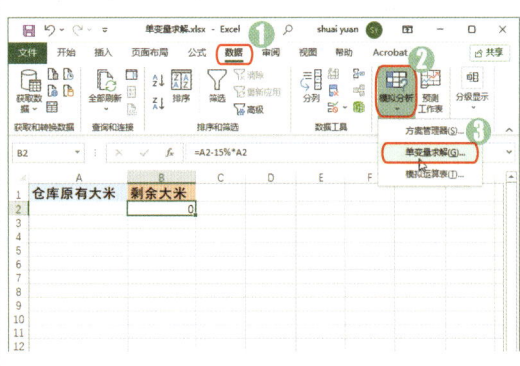

图 5-38

第3步 弹出【单变量求解】对话框，① 设置【目标单元格】为 B2，② 设置【目标值】为 42500，③ 设置【可变单元格】为 A2，④ 单击【确定】按钮，如图 5-39 所示。

第4步 在线等待一段时间后，系统就会统计出原有大米为 50000 千克。单击【单变量求解状态】对话框中的【确定】按钮，就完成了单变量求解的操作，如图 5-40 所示。

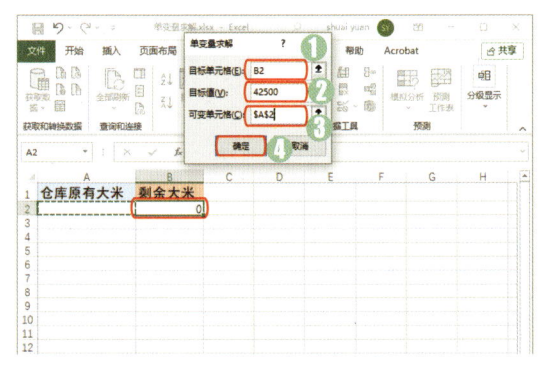

图 5-39

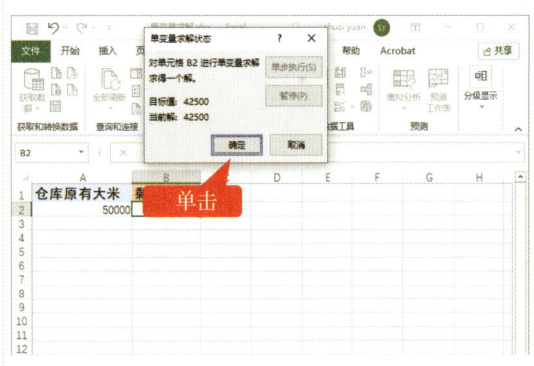

图 5-40

知识拓展

实际生活中，在用 Excel 进行计算时会涉及多个单元格取值，错综复杂，一般很难得到变量与结果值的方程关系，所以采用单变量求解，可以大大节省时间，提高效率。当然，也可以用最笨的方法，就是多次手动调整变量值，让结果值与我们预期的目标数据无限靠近，也能得到结果。

5.3.2 使用单变量模拟运算分析数据

单变量模拟运算，顾名思义，即用户可以对一个变量输入不同的值，从而查看对一个或者多个公式的影响。下面详细介绍单变量模拟运算的操作方法。

<< 扫左侧二维码可获取本小节配套视频课程

第1步 打开素材文件"单变量模拟运算表.xlsx"，选中 E2 单元格，① 在编辑栏中输入公式"=B9"，② 单击【输入】按钮 ✓，如图 5-41 所示。

第2步 ① 选中 D2:E10 单元格区域，② 选择【数据】选项卡，③ 在【预测】组中单击【模拟分析】下拉按钮，④ 在弹出的下拉列表中选择【模拟运算表】选项，如图 5-42 所示。

图 5-41

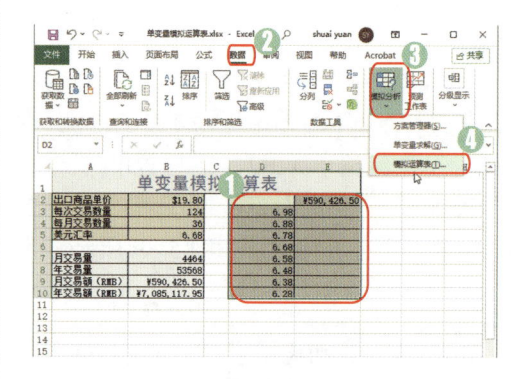

图 5-42

第3步 弹出【模拟运算表】对话框，① 单击【输入引用列的单元格】文本框，② 在工作表中单击 B5 单元格，③ 单击【模拟运算表】对话框中的【确定】按钮，如图 5-43 所示。

第4步 返回到工作表中，可以看到 E3:E10 区域内的任意单元格在编辑栏中均显示公式"{=TABLE(,B5)}"，用户可以快速查看在不同汇率下的交易额。通过以上方法即可完成单变量模拟运算的操作，如图 5-44 所示。

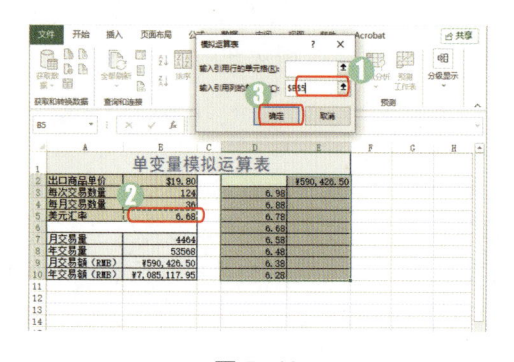

图 5-43

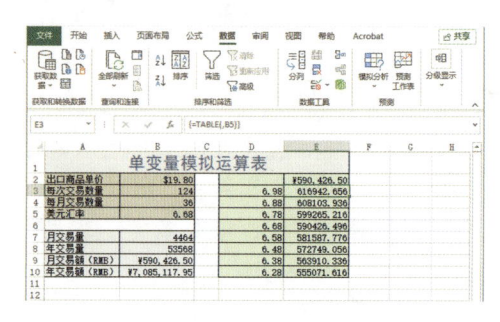

图 5-44

5.3.3 使用双变量模拟运算分析数据

双变量模拟运算可以帮助用户同时分析两个因素对最终结果的影响。下面详细介绍双变量模拟运算的操作方法。

<< 扫左侧二维码可获取本小节配套视频课程

第1步 打开素材文件"双变量模拟运算表.xlsx",选中 D2 单元格,① 在编辑栏中输入公式"=B9",② 单击【输入】按钮✓,如图 5-45 所示。

图 5-45

第2步 ① 选中 D2:G10 单元格区域,② 选择【数据】选项卡,③ 在【预测】组中单击【模拟分析】下拉按钮,④ 在弹出的下拉列表中选择【模拟运算表】选项,如图 5-46 所示。

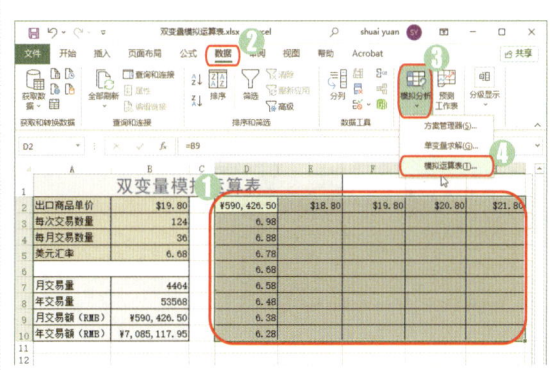

图 5-46

第3步 弹出【模拟运算表】对话框,① 在【输入引用行的单元格】文本框中输入"$B$2",② 在【输入引用列的单元格】文本框中输入"$B$5",③ 单击【确定】按钮,如图 5-47 所示。

第4步 通过以上方法即可完成双变量模拟运算的操作,如图 5-48 所示。

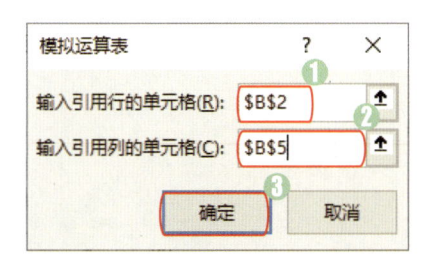

图 5-47

图 5-48

5.3.4 早做完秘籍 ④——使用方案管理器分析数据

在需要同时考虑多个因素进行分析时，使用模拟运算表会十分不方便，在这种情况下使用方案管理器可以快速方便地解决问题。

1. 创建方案

在准备使用方案进行数据分析之前，首先要创建一个方案。下面详细介绍创建方案的操作方法。

第1步 打开素材文件"外贸方案.xlsx"，①选中 A2:B10 单元格区域，②选择【公式】选项卡，③单击【定义的名称】组中的【根据所选内容创建】按钮，如图 5-49 所示。

第2步 弹出【根据所选内容创建名称】对话框，①勾选【最左列】复选框，②单击【确定】按钮，如图 5-50 所示。

图 5-49

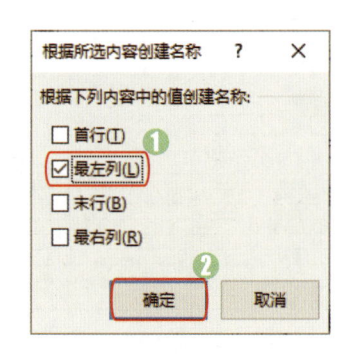

图 5-50

第3步 ①选择【数据】选项卡，②单击【预测】组中的【模拟分析】下拉按钮，③在弹出的下拉列表中选择【方案管理器】选项，如图 5-51 所示。

第4步 弹出【方案管理器】对话框，单击【添加】按钮，如图 5-52 所示。

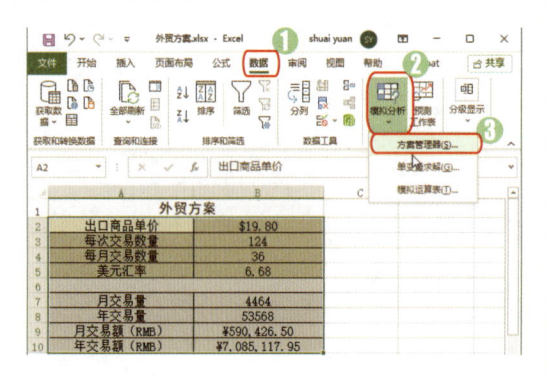

图 5-51

图 5-52

第 5 步 弹出【添加方案】对话框，① 在【方案名】文本框中输入准备使用的方案名称，② 在【可变单元格】文本框中输入"B2,B3,B5"，③ 勾选【防止更改】复选框，④ 单击【确定】按钮，如图 5-53 所示。

第 6 步 弹出【方案变量值】对话框，单击【确定】按钮，如图 5-54 所示。

图 5-53

图 5-54

第 7 步 返回到【方案管理器】对话框，在【方案】列表框中，可以看到已经创建好的方案，如图 5-55 所示。

第 8 步 使用同样的方法，可以多添加几套方案。通过以上方法，即可完成创建方案的操作，如图 5-56 所示。

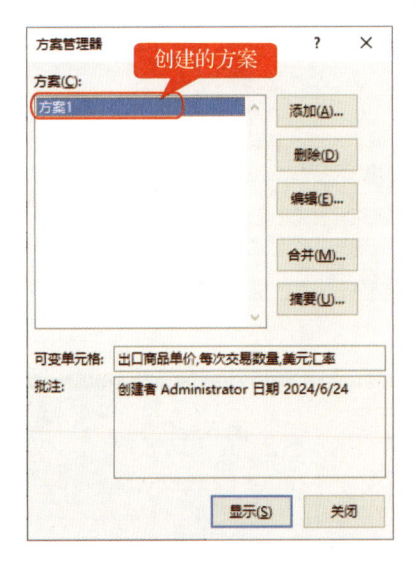

图 5-55

图 5-56

2. 显示方案

在创建好方案之后，用户可以使用显示方案功能，查看这些方案的计算结果。下面详细介绍显示方案的操作方法。

第1步 ① 选择【数据】选项卡，② 单击【预测】组中的【模拟分析】下拉按钮，③ 在弹出的下拉列表中选择【方案管理器】选项，如图 5-57 所示。

第2步 弹出【方案管理器】对话框，① 在【方案】列表框中选择准备显示的方案名称，如"方案2"，② 单击【显示】按钮，如图 5-58 所示。

图 5-57

图 5-58

第3步 返回到工作表中，可以看到表格中的数据已按照"方案2"显示并计算结果。通过以上方法，即可完成显示方案的操作，如图 5-59 所示。

※ 经验之谈

打开【方案管理器】对话框，选择准备删除的方案。单击【删除】按钮，即可完成删除方案的操作。

图 5-59

3. 修改方案

如果用户对某个创建好的方案不满意，可以对其进行修改，以达到满意的效果。下面详细介绍修改方案的操作方法。

第1步 打开【方案管理器】对话框，① 选择准备修改的方案，② 单击【编辑】按钮，如图 5-60 所示。

第2步 弹出【编辑方案】对话框，① 对方案名进行修改，如修改方案名为"方案2修改"，② 单击【确定】按钮，如图 5-61 所示。

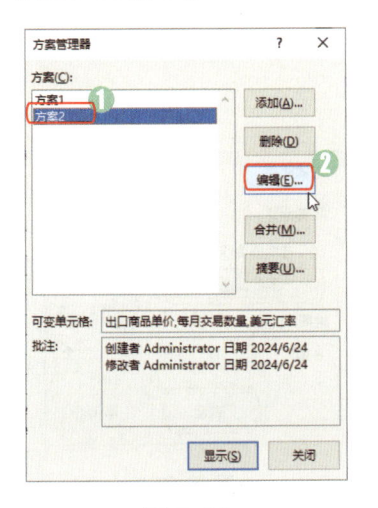

图 5-60

图 5-61

第3步 弹出【方案变量值】对话框，① 在【请输入每个可变单元格的值】区域中输入准备修改的值，② 单击【确定】按钮，如图 5-62 所示。

第4步 返回到【方案管理器】对话框，通过以上方法，即可完成修改方案的操作，如图 5-63 所示。

图 5-62

图 5-63

4. 生成方案报告

在 Excel 中可以生成两种方案报告：方案摘要和方案数据透视表。下面以生成方案数据透视表为例，详细介绍生成方案报告的操作方法。

第1步　打开【方案管理器】对话框，单击【摘要】按钮，如图5-64所示。

第2步　弹出【方案摘要】对话框，① 选中【方案数据透视表】单选项，② 单击【确定】按钮，如图5-65所示。

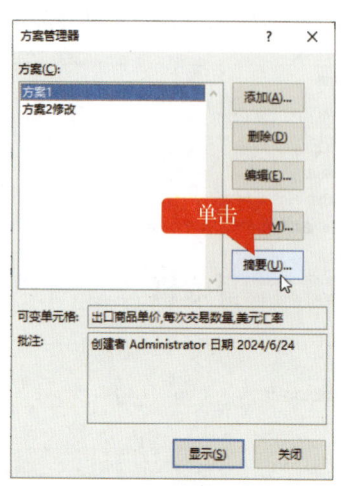

图 5-64

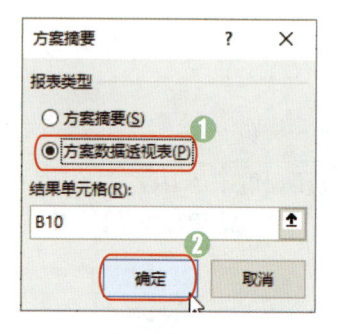

图 5-65

第3步　系统会新建一个工作表，并在其中显示生成的方案数据透视表，如图5-66所示。通过以上方法，即可完成生成方案报告的操作。

※ 经验之谈

打开【方案管理器】对话框，单击【合并】按钮，弹出【合并方案】对话框，选择准备合并方案的工作表名称，单击【确定】按钮，即可完成合并方案的操作。

图 5-66

5.4　效率倍增案例——计算不同年限贷款月偿还额

在贷款金额、贷款利率给定的情况下，利用单变量模拟运算可以快速计算出不同年限下的贷款月偿还额。下面详细介绍其操作方法。

<< 扫左侧二维码可获取本小节配套视频课程

第 5 章 数据分析与预测

第1步 打开本例的素材文件"贷款偿还.xlsx",选择 B4 单元格,在编辑栏中输入公式"=PMT(B2/12,A4*12,A2,0,0)",并按【Enter】键,如图 5-67 所示。

图 5-67

第2步 ①选择 A4:B8 单元格区域,②选择【数据】选项卡,③单击【预测】组中的【模拟分析】下拉按钮,④在弹出的下拉列表中选择【模拟运算表】选项,如图 5-68 所示。

图 5-68

第3步 弹出【模拟运算表】对话框,①在【输入引用列的单元格】文本框中输入"$A$4",②单击【确定】按钮,如图 5-69 所示。

图 5-69

第4步 通过以上步骤,即可完成计算不同年限贷款月偿还额的操作,如图 5-70 所示。

图 5-70

知识拓展

PMT 函数的语法格式:=PMT(利率,支付总期数,现值,[终值],[是否期初支付]),它是基于固定利率及等额分期付款方式,返回贷款的每期付款额。PMT 函数参数说明:【利率】:贷款利率。【支付总期数】:该项贷款的付款总月数。【现值】:现值,或一系列未来付款的当前值的累积和,也称为本金。【终值】:为未来值,或在最后一次付款后希望得到的现金余额,如果省略【终值】,则假设其值为 0,也就是一笔贷款的未来值为 0。【是否期初支付】:数字 0 或 1,用于指定各期的付款时间是在期初还是期末,0 是期初付款,1 是期末付款。

5.5 AI 办公——使用 WPS AI 快速生成函数公式

WPS Office 是由金山软件股份有限公司自主研发的一款流行的办公软件。其中，智能表格中的 WPS AI 有一项十分强大的功能——AI 写公式，可以轻松实现自动写公式和数据处理。本例详细介绍使用 WPS AI 快速生成函数公式的操作方法。

<< 扫左侧二维码可获取本小节配套视频课程

第1步 在电脑中下载安装完毕 WPS Office 软件后，启动该软件，① 单击【新建】按钮，② 在弹出的列表框中单击【智能表格】按钮，如图 5-71 所示。

第2步 进入【新建智能表格】界面，用户可以新建一个空白的智能表格，也可以选择一个模板创建智能表格，这里选择"人员信息统计表"模板，如图 5-72 所示。

图 5-71

图 5-72

第3步 弹出该模板的信息提示框，单击【使用模板】按钮，如图 5-73 所示。

第4步 系统会根据选择的模板自动创建一份智能表格，选择 J2 单元格，① 单击【WPS AI】菜单，② 选择【AI 写公式】命令，如图 5-74 所示。

图 5-73

图 5-74

第 5 章
数据分析与预测

第 5 步 系统会弹出一个指令输入框，在其中输入指令"提取出表格中所有生日为10月份的姓名"，然后按【Enter】键，如图 5-75 所示。

第 6 步 正在解析指令，用户需要在线等待一段时间，如图 5-76 所示。

图 5-75

图 5-76

第 7 步 在指令输入框中会显示出公式结果，用户可以检查该公式是不是自己想要的，确认无误后，单击【完成】按钮，如图 5-77 所示。

第 8 步 系统会自动根据指令将该公式应用到表格中，并显示运用该函数公式后的结果，如图 5-78 所示。

图 5-77

图 5-78

知识拓展

输入指令显示出公式结果后，用户还可以单击【对公式的解释】折叠按钮 ▶，系统会显示出该函数公式的相关信息，包括公式的意义、函数解释、参数解释。

161

5.6 不加班问答实录

5.6.1 如何用图标来呈现项目的进度

在数据分析过程中，有时可能只需要把数据分成不同的类别，对比各个类别的数量，这个时候用图标集比较合适。例如，借助图标集中的五象限图来显示项目进度。

图 5-79 所示的项目进度表可以使用饼图图标，把百分数归入 4 个范围，以此来呈现项目的进度，让项目进度一目了然。

图 5-79

这个效果制作起来非常简单，具体操作如下。

首先打开素材文件"活动项目进度.xlsx"，选择 E 列需要呈现的数据后，在【开始】选项卡中单击【条件格式】下拉按钮，选择【图标集】中的【五象限图】样式，如图 5-80 所示。

这样大概的效果就制作出来了，如图 5-81 所示。但是对比一下目标效果和图标规则，发现有几处数据的图标匹配错误。

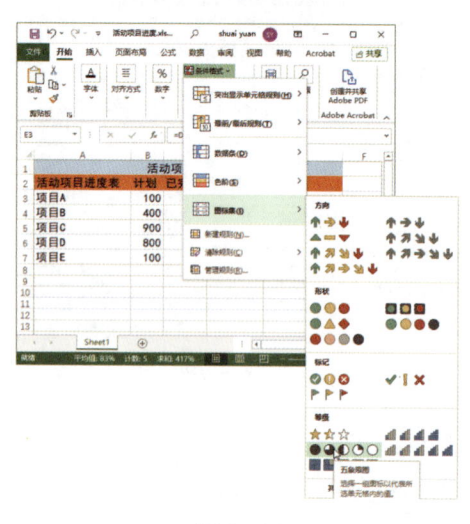

图 5-80　　　　　　　　　　图 5-81

这是因为图标集五象限图默认的数据类型为百分比，它默认以选中数据中的最小值和最大值为边界，如果选中区域的最小值和最大值不为 0 和 100%，图标的显示就会错乱。此时就需要选择【条件格式】→【图标集】→【其他规则】选项，如图 5-82 所示。进入【新建格式规则】对话框，修正图标与分界值的对应关系，具体参数设置如图 5-83 所示。设置完成后，饼图的图标就能正确地表示项目的进度了。

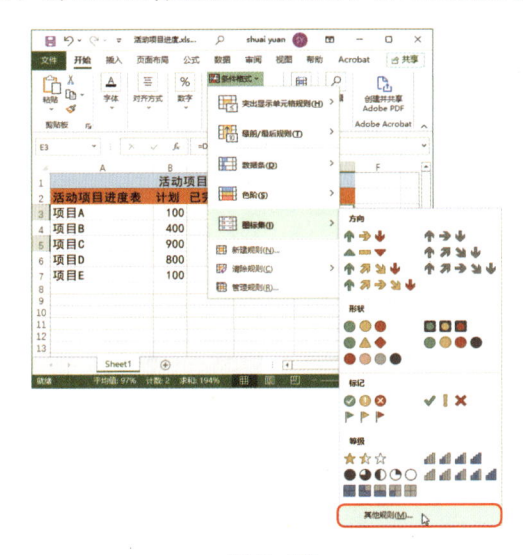

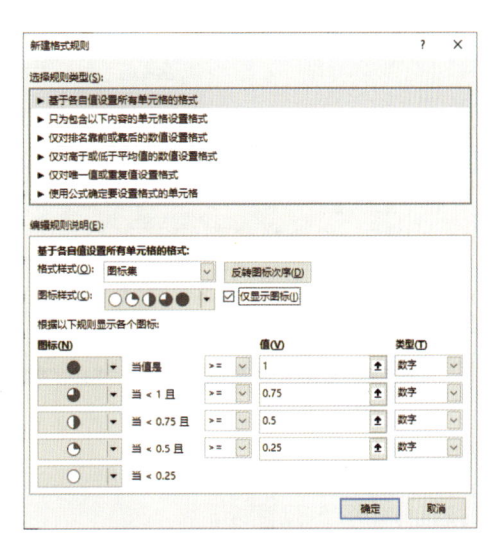

图 5-82

图 5-83

5.6.2 如何设置符合条件的行都标记颜色

将表格中不同状态的数据标记成不同的颜色，更容易区分，如图 5-84 所示。那么如何实现该效果呢？

图 5-84

本例中的表格效果需要使用【条件格式】功能把状态为"完成"的整行数据标记成绿色，使核对数据更加方便。具体操作方法如下。

打开素材文件"完成进度表 .xlsx"，选择 A2:E10 单元格区域，在【开始】选项卡中单击【条件格式】下拉按钮，在弹出的下拉列表中选择【新建规则】选项，如图 5-85 所示。

弹出【新建格式规则】对话框，在【选择规则类型】列表框中选择【使用公式确定要设置格式的单元格】选项，在【为符合此公式的值设置格式】下方的编辑框中输入公式"=$B2="完成""，单击【格式】按钮，如图5-86所示。

图5-85 　　　　　　　　　　　　　　图5-86

弹出【设置单元格格式】对话框，选择【填充】选项卡，设置背景色为绿色，单击【确定】按钮，如图5-87所示。

返回到【新建格式规则】对话框中，可以看到设置的公式及颜色效果，单击【确定】按钮，如图5-88所示。即可完成设置符合条件的行都标记成绿色的操作。

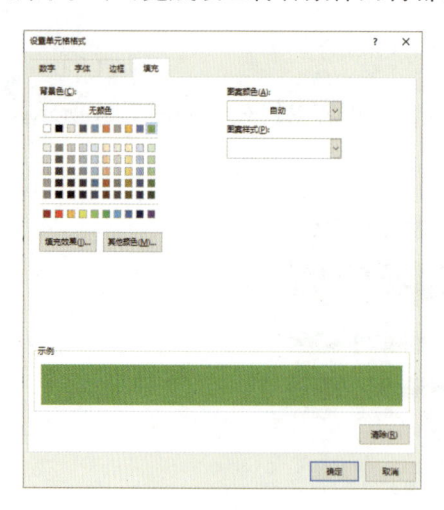

图5-87 　　　　　　　　　　　　　　图5-88

本例中，条件格式的判断规则公式的作用是根据B2单元格是否等于"完成"，来给单元格标记样式。因为每一列都要按照B列来判断，所以需要锁定B列，把单元格的引用从B2变成$B2，可以避免公式计算过程中因为引用位置发生偏移导致错误。

早做完，不加班

扫码获取本章学习素材

第 6 章

制作可视化的商务图表

本章知识要点

◎ 创建图表的方法
◎ 编辑数据图表
◎ 添加辅助线分析数据
◎ 效率倍增案例——使用迷你图对比分析数据
◎ AI办公——使用WPS AI条件格式功能快速进行数据分析

本章主要内容

　　本章主要介绍制作可视化的商务图表的相关知识和技巧，主要内容包括创建图表的方法、编辑数据图表、添加辅助线分析数据、使用迷你图对比分析数据，最后还介绍使用WPS AI条件格式功能快速进行数据分析的操作方法，并对一些常见的Excel问题进行了解答。

6.1 创建图表的方法

在 Excel 工作表中添加数据图表可以帮助用户更好地进行数据分析。图表可以直观展示统计信息的属性，是一种很好的能将数据属性更直观、更形象地展示的手段。常用的图表类型有柱形图、折线图、饼图、条形图、面积图和直方图等。本节将详细介绍创建图表的相关知识及操作方法。

6.1.1 根据数据创建图表

Excel 的图表类型很多，创建图表时应该根据分析数据的最终目的来选择适合的图表类型。下面介绍根据数据创建图表的方法。

<< 扫左侧二维码可获取本小节配套视频课程

第1步 打开本例的素材文件"员工提成统计表.xlsx"，选中要创建图表的数据后，① 选择【插入】选项卡，② 在【图表】组中单击【柱形图】下拉按钮，③ 在弹出的下拉列表中选择【簇状柱形图】选项，如图 6-1 所示。

第2步 图表已经插入到表格中，选中图表标题，输入新名称，如图 6-2 所示。

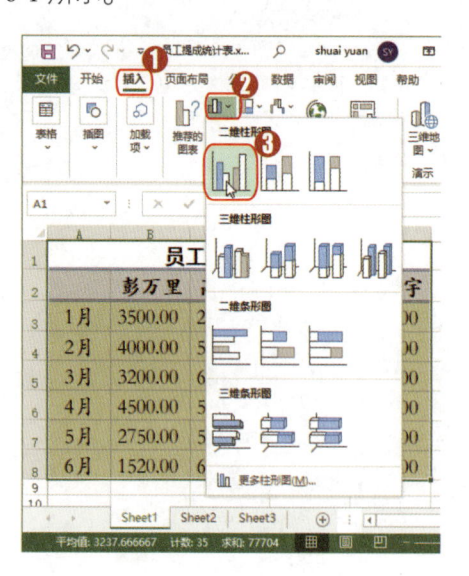

图 6-1

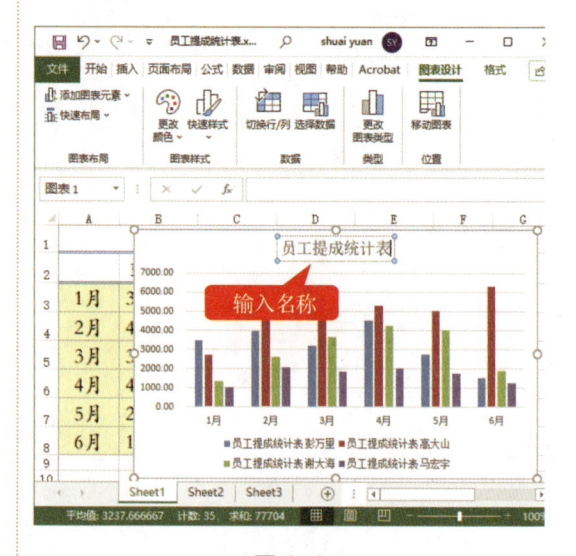

图 6-2

第 6 章
制作可视化的商务图表

第 3 步 通过上述步骤即可完成根据现有数据创建图表的操作，效果如图 6-3 所示。

※ **经验之谈**

如果未选择数据区域就直接在【插入】选项卡的【图表】组中选择图表类型，则会插入一个空白的图表，此时可在【图表设计】选项卡的【数据】组中单击【选择数据】按钮，为图表添加数据区域。

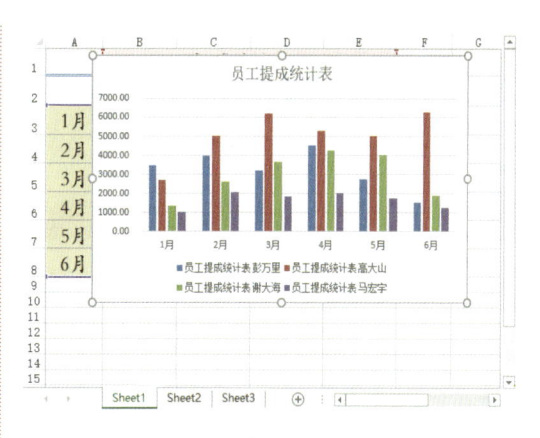

图 6-3

6.1.2 使用推荐图表功能快速创建图表

如果用户准备在 Excel 中创建图表，但很难弄清楚哪一个适合自己，则可以尝试【插入】选项卡中的【推荐的图表】命令，Excel 将自动分析数据并为用户提出建议。

<< 扫左侧二维码可获取本小节配套视频课程

第 1 步 打开本例的素材文件"员工提成统计表.xlsx"，选中要创建图表的数据后，① 选择【插入】选项卡，② 在【图表】组中单击【推荐的图表】按钮，如图 6-4 所示。

第 2 步 弹出【插入图表】对话框，在【推荐的图表】选项卡中滚动浏览 Excel 为用户推荐的图表列表，① 找到所要的图表时，单击该图表，② 单击【确定】按钮，如图 6-5 所示。

图 6-4

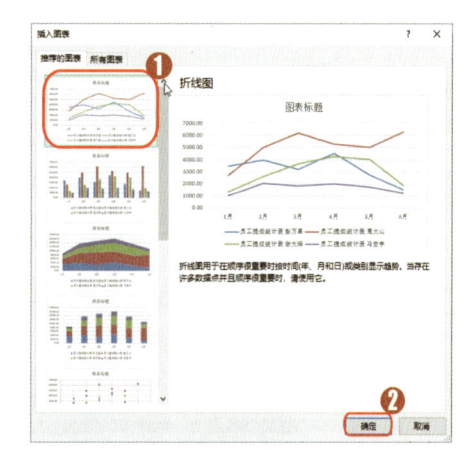

图 6-5

167

早做完，不加班
Excel 数据处理效率手册

第 3 步 通过上述步骤即可完成使用推荐图表功能快速创建图表的操作，效果如图 6-6 所示。

※ **经验之谈**

使用推荐图表功能快速创建图表后，可以使用图表右上角附近的【图表元素】、【图表样式】和【图表筛选器】按钮添加坐标轴标题或数据标签等图表元素，自定义图表的外观或更改图表中显示的数据。

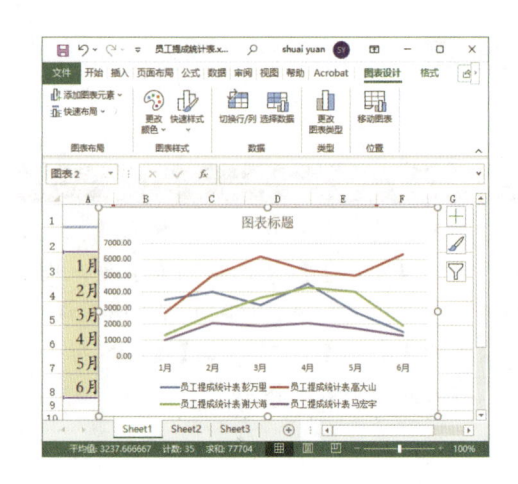

图 6-6

6.1.3 快速调整图表的布局

图表布局是指图表的各组成元素在图表中的显示位置。Excel 提供了多种图表布局方式，用户可根据实际需求选择。本例详细介绍更改图表布局的操作方法。

<< 扫左侧二维码可获取本小节配套视频课程

第 1 步 打开本例的素材文件"更改图表布局.xlsx"，选中已创建的图表，① 在【图表设计】选项卡中单击【快速布局】下拉按钮，② 在展开的库中选择【布局 2】样式，如图 6-7 所示。

第 2 步 此时为图表应用了预设的图表布局，选择图表标题，如图 6-8 所示。

图 6-7

图 6-8

168

第 6 章
制作可视化的商务图表

第 3 步 在图表标题位置输入"公司第一季度销售费用统计表",为图表命名,这样即可完成更改图表布局的操作,如图 6-9 所示。

※ **经验之谈**

选中已创建的图表,在【图表设计】选项卡中单击【图表样式】组中的【快速样式】按钮,在展开的样式库中选择样式。此时应用了预设的图表样式,使得图表更为美观,这就套用了图表样式。

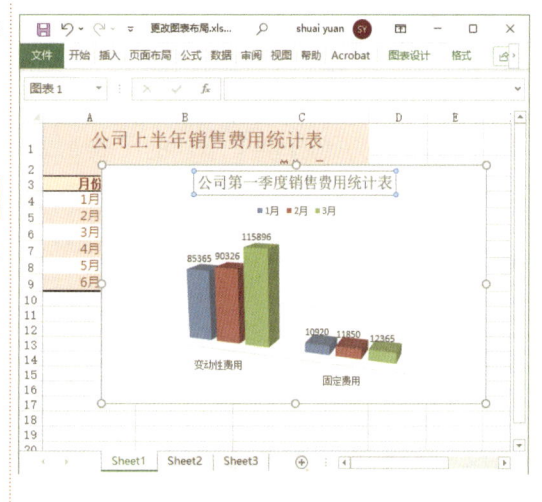

图 6-9

6.1.4 早做完秘籍 ①——图表元素构成和添加方法

Excel 中的图表元素包括图表标题、图例、数据系列、数据标签、网格线、坐标轴、数据表等,如图 6-10 所示。

添加图表元素的方法很简单,下面以添加误差线元素为例,详细介绍添加图表元素的操作步骤。

<< 扫左侧二维码可获取本小节配套视频课程

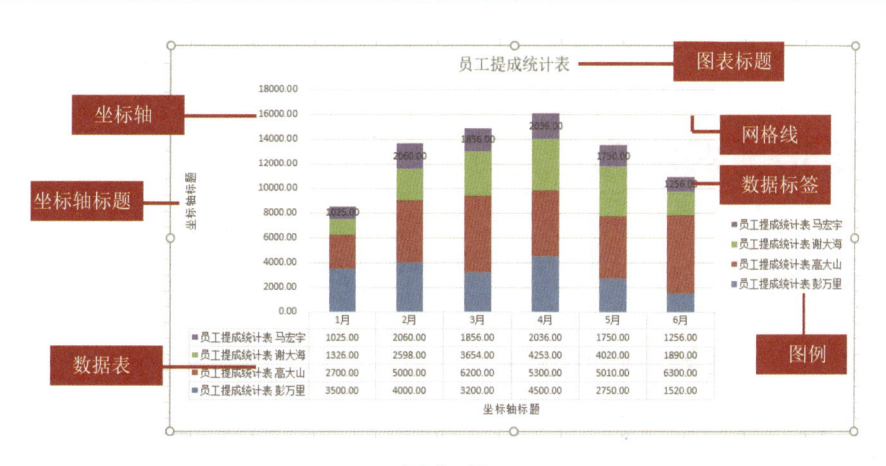

图 6-10

169

第1步 打开本例的素材文件"图表元素.xlsx",①选中已创建的图表,②单击图表右上角处的【图表元素】按钮,③在弹出的下拉列表中选择准备添加的图表元素,这里勾选【误差线】复选框,如图6-11所示。

第2步 此时可以看到图表中已经添加了选择的误差线元素,这就完成了添加图表元素的操作,如图6-12所示。

图 6-11

图 6-12

知识拓展

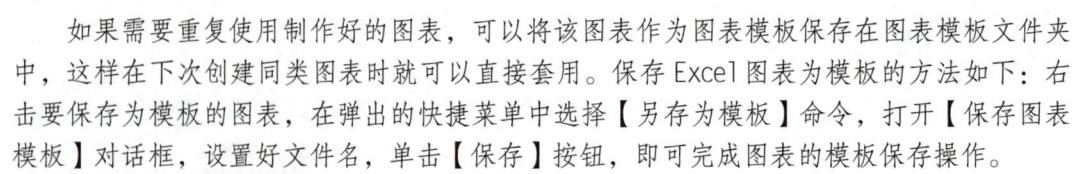

如果需要重复使用制作好的图表,可以将该图表作为图表模板保存在图表模板文件夹中,这样在下次创建同类图表时就可以直接套用。保存 Excel 图表为模板的方法如下:右击要保存为模板的图表,在弹出的快捷菜单中选择【另存为模板】命令,打开【保存图表模板】对话框,设置好文件名,单击【保存】按钮,即可完成图表的模板保存操作。

6.2 编辑数据图表

在图表创建完成之后,用户可以对创建的图表进行编辑,从而能达到满意的效果。本节将详细介绍编辑数据图表的相关知识及操作方法。

6.2.1 更改已创建图表的类型

在 Excel 工作表中创建图表后,如果对图表类型不满意或希望从其他角度分析数据,可以更改当前图表的类型。下面详细介绍更改已创建图表类型的操作方法。

<< 扫左侧二维码可获取本小节配套视频课程

第 6 章
制作可视化的商务图表

第1步　打开本例的素材文件"销售费用统计表.xlsx"，选中已创建的图表，① 选择【图表设计】选项卡，② 在【类型】组中单击【更改图表类型】按钮，如图 6-13 所示。

第2步　弹出【更改图表类型】对话框，① 在左侧列表框中选择【柱形图】选项，② 选择子类型，如【三维簇状柱形图】，③ 单击【确定】按钮，如图 6-14 所示。

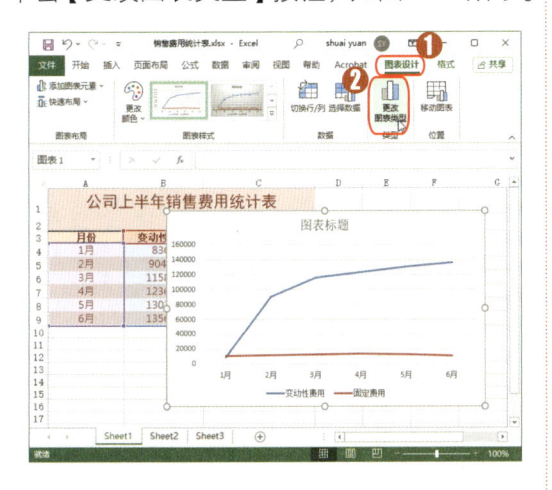

图 6-13

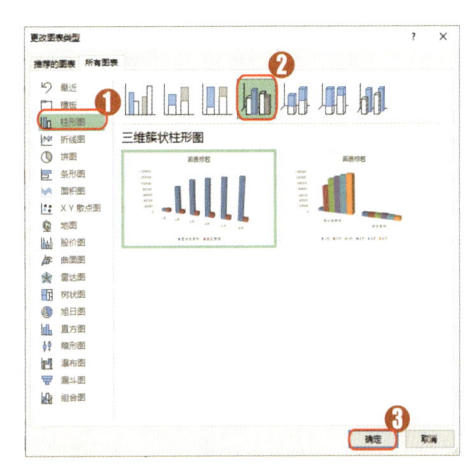

图 6-14

第3步　工作表中的图表由折线图变为柱形图，通过查看柱形图，更容易比较每个月的销售费用的大小，这样即可完成更改图表类型的操作，如图 6-15 所示。

※ 经验之谈

如果更改了数据区域中的数值，那么图表中的数据系列会自动发生相应的变化。

图 6-15

6.2.2　在图表中增加数据系列

图表中的数据源是由数据系列组成的，数据系列是 Excel 图表的基础。在使用 Excel 图表的过程中，如果有新增的数据系列，用户可以选择将其添加至图表中。下面详细介绍添加数据系列的操作方法。

<< 扫左侧二维码可获取本小节配套视频课程

171

第1步 打开本例的素材文件"第一季度销售量.xlsx"，① 右击图表的任意位置，② 在弹出的快捷菜单中选择【选择数据】命令，如图6-16所示。

第2步 弹出【选择数据源】对话框，单击【图例项】区域中的【添加】按钮，如图6-17所示。

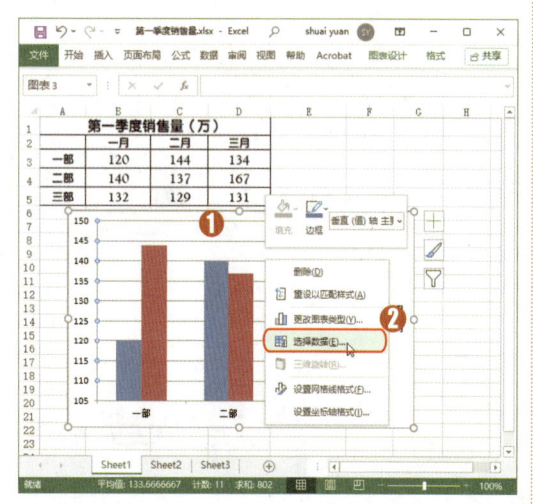

图 6-16

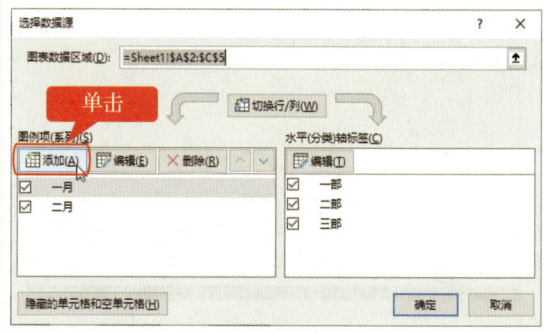

图 6-17

第3步 弹出【编辑数据系列】对话框，单击【系列名称】区域中的折叠按钮，如图6-18所示。

第4步 【编辑数据系列】对话框变为折叠状态，① 选择D2单元格，② 单击【编辑数据系列】对话框中的展开按钮，如图6-19所示。

图 6-18

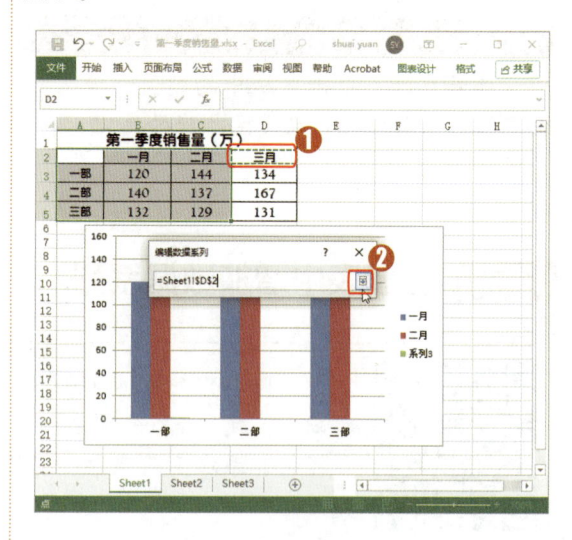

图 6-19

第 6 章
制作可视化的商务图表

第 5 步　返回到【编辑数据系列】对话框，单击【系列值】区域中的折叠按钮，如图 6-20 所示。

第 6 步　【编辑数据系列】对话框再次变为折叠状态，① 选择准备添加的数据系列，② 单击展开按钮，如图 6-21 所示。

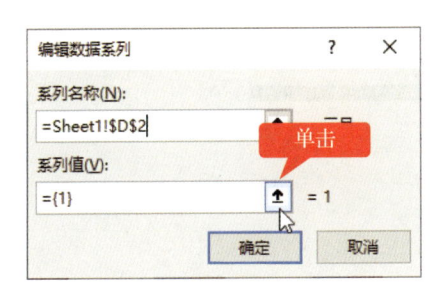

图 6-20

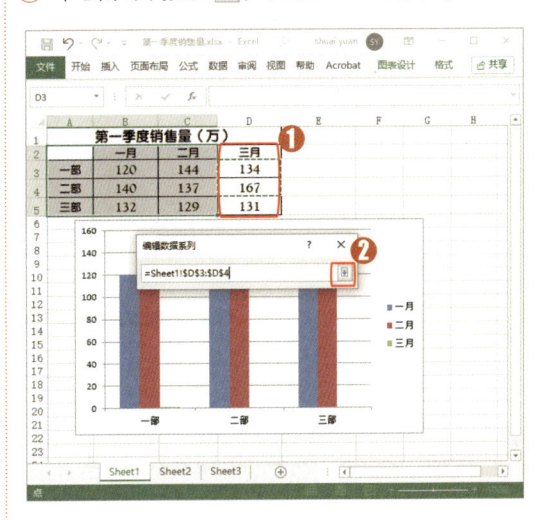

图 6-21

第 7 步　返回到【编辑数据系列】对话框，单击【确定】按钮，如图 6-22 所示。

第 8 步　返回到【选择数据源】对话框，单击【确定】按钮，如图 6-23 所示。

图 6-22

图 6-23

第 9 步　返回到工作表中，可以看到已经添加的数据系列，如图 6-24 所示。这样即可完成添加数据系列的操作。

※ 经验之谈

以上方法只适用于一次性添加一个数据系列，如果更新的数据系列是多个，用户可以在【选择数据源】对话框中单击【图表数据区域】右侧的折叠按钮，将整个工作表中的数据系列全部选中，然后返回【选择数据源】对话框，单击【确定】按钮，这样即可完成添加多个数据系列的操作。

173

早做完，不加班
Excel 数据处理效率手册

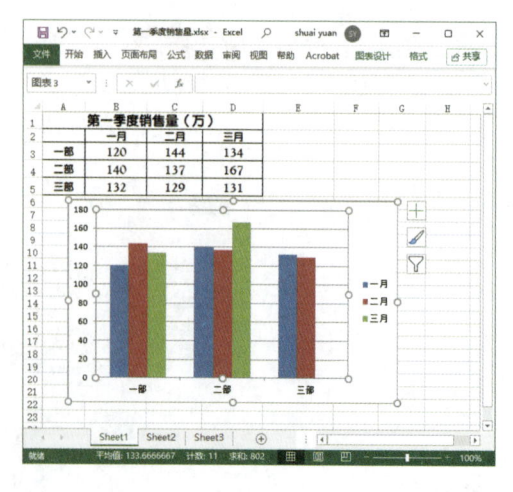

图 6-24

6.2.3 设置纵坐标的刻度值

使用 Excel 生成图表时，会发现默认的坐标轴刻度值看起来不够直观，用户可以自定义刻度，以便更好地满足需要。下面详细介绍设置纵坐标刻度值的操作方法。

<< 扫左侧二维码可获取本小节配套视频课程

第1步 打开本例的素材文件"公司运动会.xlsx"，在图表上双击纵坐标，如图 6-25 所示。

第2步 弹出【设置坐标轴格式】对话框，并且自动打开了【坐标轴选项】选项卡，① 根据自己的需要调整【边界】和【单位】区域中的值，② 设置完毕后，单击【关闭】按钮 ✕，如图 6-26 所示。

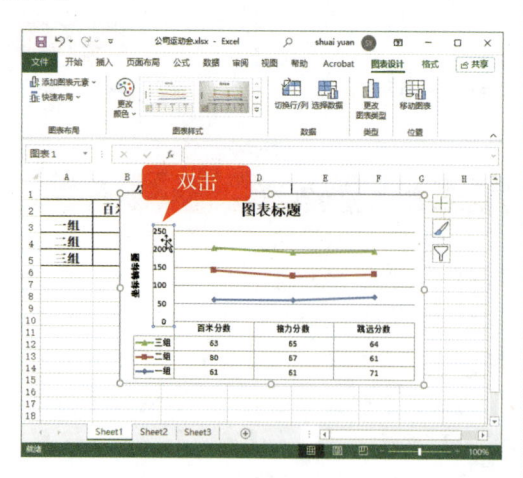

图 6-25

图 6-26

174

第 6 章
制作可视化的商务图表

第3步 返回到工作表中，可以看到修改后的图表效果，如图 6-27 所示。这样就完成了设置纵坐标的刻度值的操作。

※ 经验之谈

【边界】区域中的【最小值】表示刻度的起始值，【最大值】表示刻度的终止值。【单位】区域中的【大】、【小】值表示的是刻度的间隔。

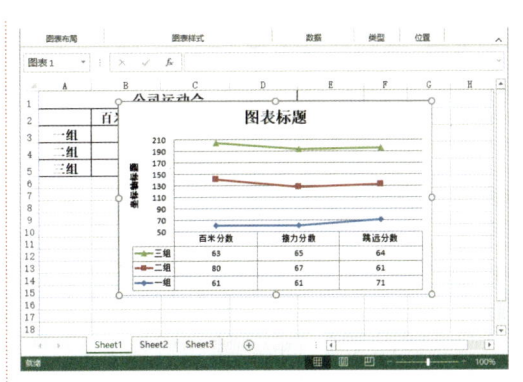

图 6-27

6.2.4 更改图表的数据源

在 Excel 中，用户可以对图表的数据源进行选择，从而在图表中显示需要显示的数据信息。下面以显示一组、二组数据为例，详细介绍更改图表数据源的操作方法。

<< 扫左侧二维码可获取本小节配套视频课程

第1步 打开本例的素材文件"公司运动会.xlsx"，①选择图表，②选择【图表设计】选项卡，③在【数据】组中单击【选择数据】按钮，如图 6-28 所示。

第2步 弹出【选择数据源】对话框，单击【图表数据区域】右侧的折叠按钮，如图 6-29 所示。

图 6-28

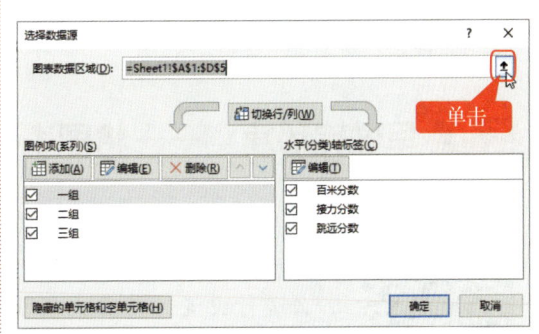

图 6-29

175

早做完，不加班
Excel 数据处理效率手册

第3步　返回到工作表中，① 选择准备显示的一组、二组数据，② 单击展开按钮，如图 6-30 所示。

第4步　返回到【选择数据源】对话框，单击【确定】按钮，如图 6-31 所示。

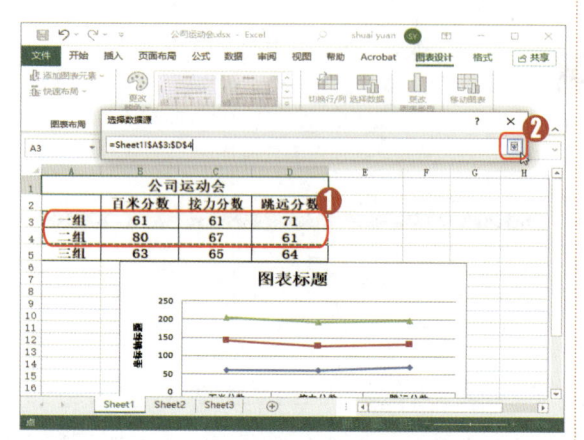

图 6-30

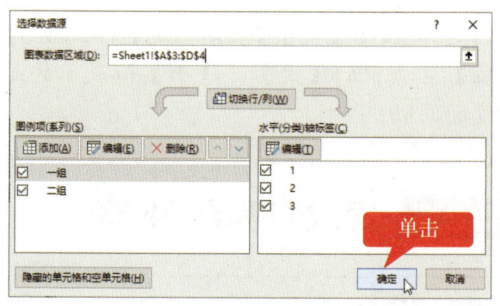

图 6-31

第5步　返回到工作表中，可以看到图表中的数据显示已经发生改变，如图 6-32 所示。这样就完成了更改图表数据源的操作。

※ **经验之谈**

选择图表之后，数据区域会有对应的选框，拖曳数据选区把新增的数据包含进来，就可以快速把新增的数据添加到图表中。这个方法非常简单，但有个前提，即数据是连续的、规范的，这样才可以批量调整图表的数据选区。

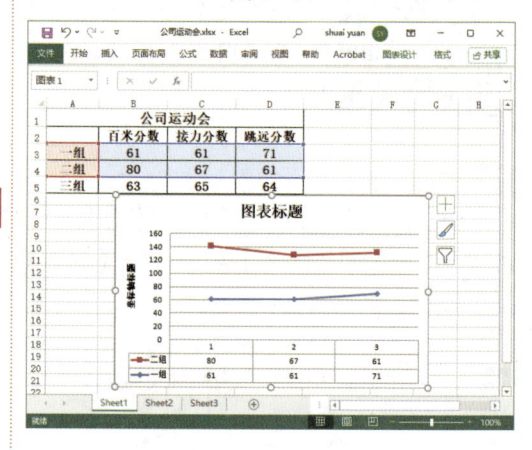

图 6-32

6.2.5　早做完秘籍 ②——将图表移到其他工作表中

很多用户在对表格文档进行编辑时经常会在文档中插入图表，有的用户想要将表格文档中的图表移动到其他表格中，但又不知道该怎么进行设置。其实我们可以选择复制图表，再打开其他工作表，将图表粘贴过去，如图 6-33 所示。

<< 扫左侧二维码可获取本小节配套视频课程

第 6 章
制作可视化的商务图表

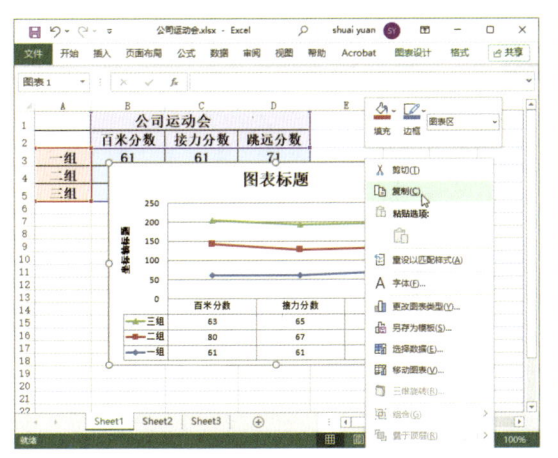

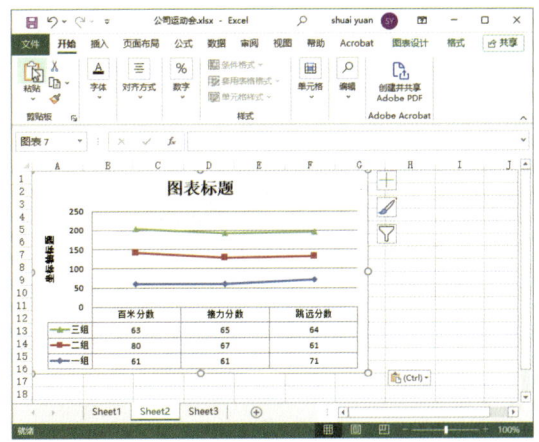

图 6-33

用户还可以通过【图表设计】选项卡中的【移动图表】命令将图表移动到其他工作表中，具体操作方法如下。

第 1 步 打开本例的素材文件"公司运动会.xlsx"，① 选择图表，② 选择【图表设计】选项卡，③ 在【位置】组中单击【移动图表】按钮，如图 6-34 所示。

第 2 步 弹出【移动图表】对话框，① 选中【对象位于】单选项，② 在右侧的下拉列表框中选择准备移动到的工作表，这里选择 Sheet2 工作表，③ 单击【确定】按钮，如图 6-35 所示。

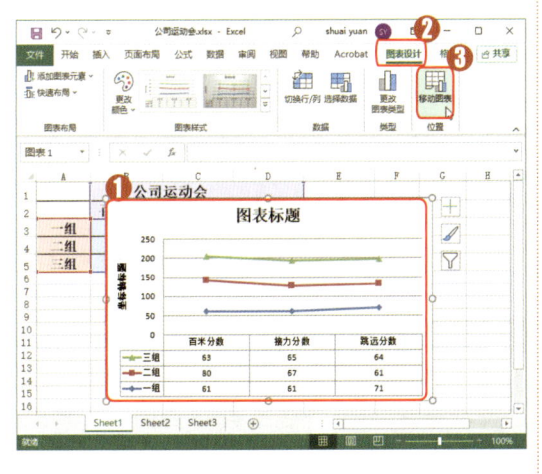

图 6-34

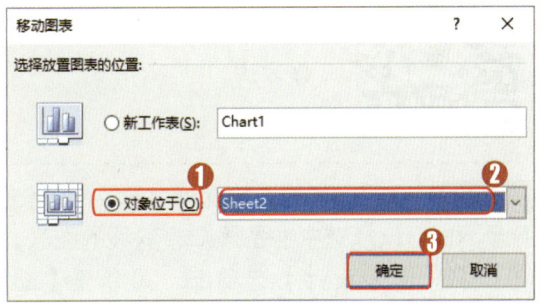

图 6-35

177

第3步 返回到工作表中，可以看到选择的图表已被移动到 Sheet2 工作表中，如图 6-36 所示。

※ 经验之谈

在【移动图表】对话框中，如果选中【新工作表】单选项，并在右侧的文本框中输入新工作表名称，那么单击【确定】按钮后，系统会将选择的图表移动到新建的工作表中。

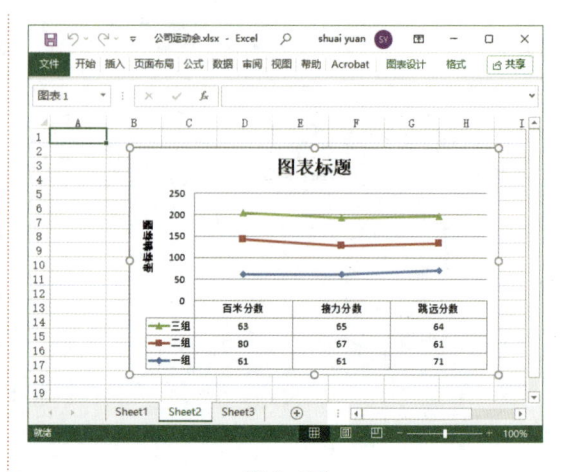

图 6-36

6.3 添加辅助线分析数据

在 Excel 中，用户还可以通过添加趋势线、垂线、涨/跌柱线等辅助线来对图表进行分析。本节将详细介绍添加辅助线分析数据的相关知识及操作方法。

6.3.1 在图表中添加趋势线

添加趋势线，可以直观地在图表中展示出具有同一属性数据的发展趋势。下面以添加线性预测趋势线为例，详细介绍添加趋势线的操作方法。

<< 扫左侧二维码可获取本小节配套视频课程

第1步 打开本例的素材文件"第一季度销售量.xlsx"，① 选中准备添加趋势线的图表，② 选择【图表设计】选项卡，③ 单击【图表布局】组中的【添加图表元素】下拉按钮，④ 在弹出的下拉列表中选择【趋势线】→【线性预测】选项，如图 6-37 所示。

第2步 弹出【添加趋势线】对话框，① 在【添加基于系列的趋势线】列表框中，选择准备添加趋势线的数据系列，② 单击【确定】按钮，如图 6-38 所示。

第 6 章
制作可视化的商务图表

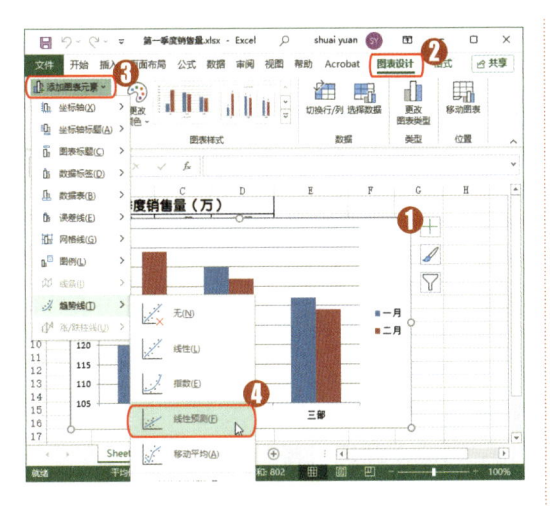

图 6-37

图 6-38

第3步 可以看到，图表中已经添加了趋势线，如图 6-39 所示。通过以上方法，即可完成添加趋势线的操作。

※ **经验之谈**

　　仅当选择了包含多个数据系列的图表而不选择数据系列时，Excel 才会显示【趋势线】选项。

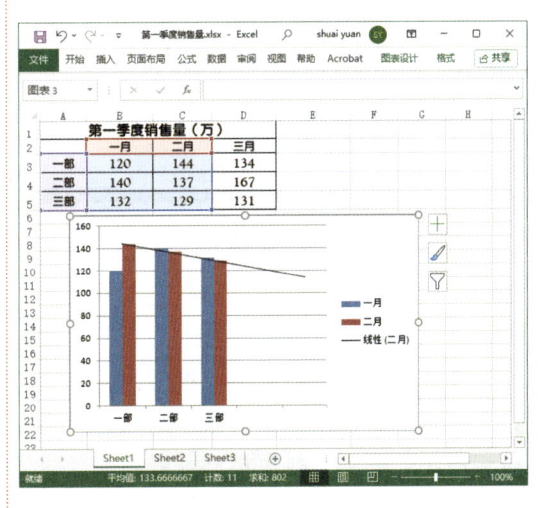

图 6-39

6.3.2　添加垂直线

　　在制作 Excel 面积图或折线图时，可以为面积图或折线图添加垂直线，用于美化图表，同时对数据进行强调。下面详细介绍添加垂直线的操作方法。

<<扫左侧二维码可获取本小节配套视频课程

179

第1步　打开本例的素材文件"价格浮动.xlsx"，① 选中准备添加垂直线的图表，② 选择【图表设计】选项卡，③ 单击【图表布局】组中的【添加图表元素】下拉按钮，④ 在弹出的下拉列表中选择【线条】→【垂直线】选项，如图 6-40 所示。

第2步　可以看到，图表中已经添加了垂直线，如图 6-41 所示。通过以上方法，即可完成添加垂直线的操作。

图 6-40

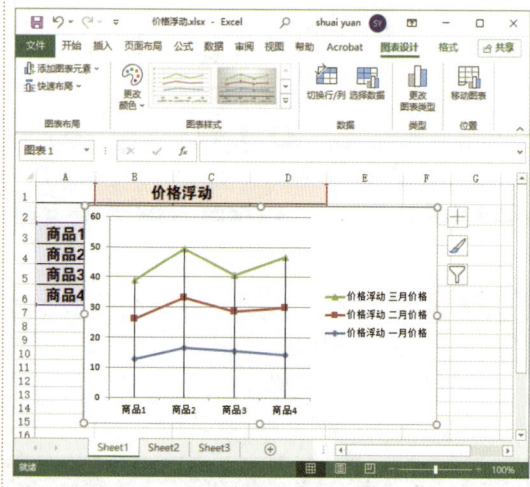

图 6-41

知识拓展

【线条】选项下有三个选项，分别为【无】、【垂直线】和【高低点连线】。【垂直线】是连接水平轴与数据系列之间的线条，可以用在面积图或折线图中；【高低点连线】是连接不同数据系列的对应数据点之间的线条，可以用在两个或两个以上数据系列的二维线条图中。

6.3.3 给图表添加涨/跌柱线

涨/跌柱线是连接不同数据系列的对应数据点之间的柱形，可以用在两个或者两个以上数据系列的二维折线图中。下面详细介绍添加涨/跌柱线的操作方法。

<< 扫左侧二维码可获取本小节配套视频课程

第 6 章
制作可视化的商务图表

第 1 步 打开本例的素材文件"价格浮动.xlsx",① 选中图表,② 选择【图表设计】选项卡,③ 单击【图表布局】组中的【添加图表元素】下拉按钮,④ 在弹出的下拉列表中选择【涨/跌柱线】→【涨/跌柱线】选项,如图 6-42 所示。

第 2 步 可以看到,图表中已经添加了涨/跌柱线,如图 6-43 所示。通过以上方法,即可完成添加涨/跌柱线的操作。

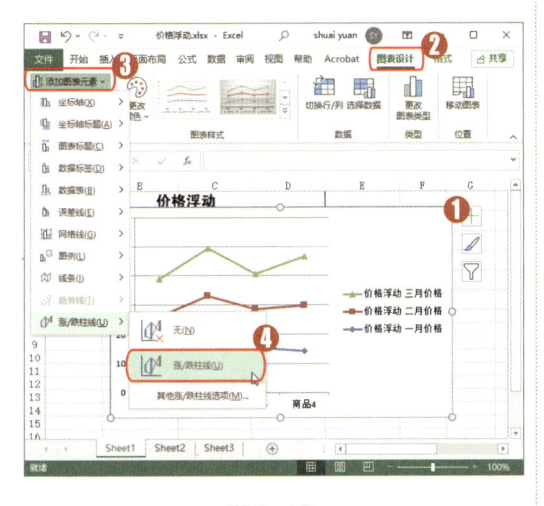

图 6-42

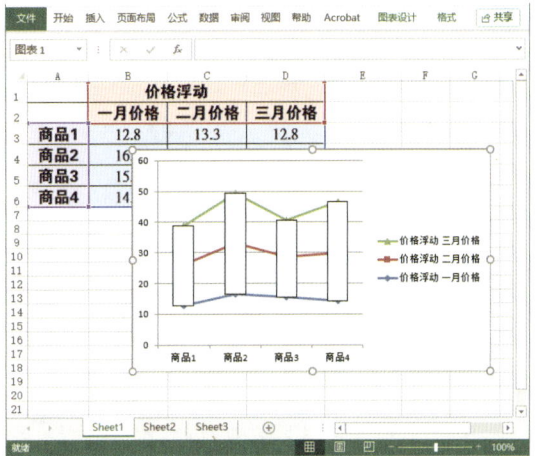

图 6-43

6.3.4 早做完秘籍 ③——在图表中筛选数据

当表格中的数据非常庞大时,如何筛选出需要的内容就显得尤为重要,在 Excel 中创建图表后,用户还可以快速筛选出需要的数据。例如,本例需要筛选出图表中包含商品 1 和商品 2 的价格浮动的数据,如图 6-44 所示。

<< 扫左侧二维码可获取本小节配套视频课程

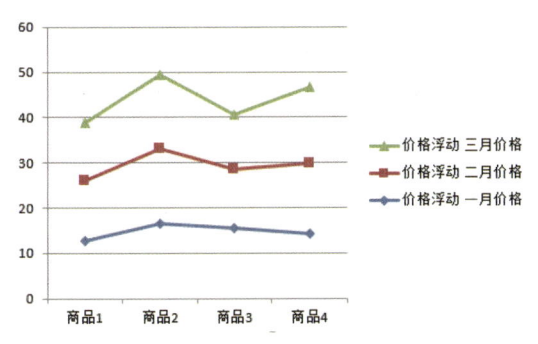

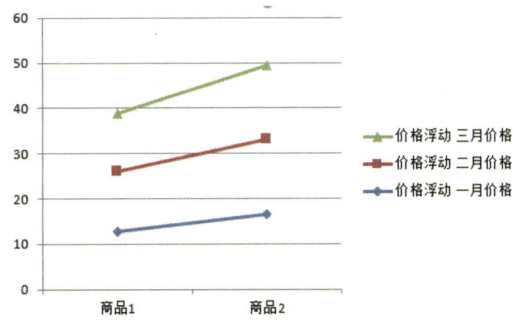

图 6-44

181

实现该效果的具体操作方法如下。

第1步　打开本例的素材文件"价格浮动.xlsx"，① 单击右上角处的【图表筛选器】按钮，② 在【类别】区域下方勾选【商品1】和【商品2】复选框，③ 单击【应用】按钮，如图6-45所示。

第2步　可以看到，图表中只会显示商品1和商品2的价格浮动数据，如图6-46所示。这样即可完成在图表中筛选数据的操作。

图 6-45

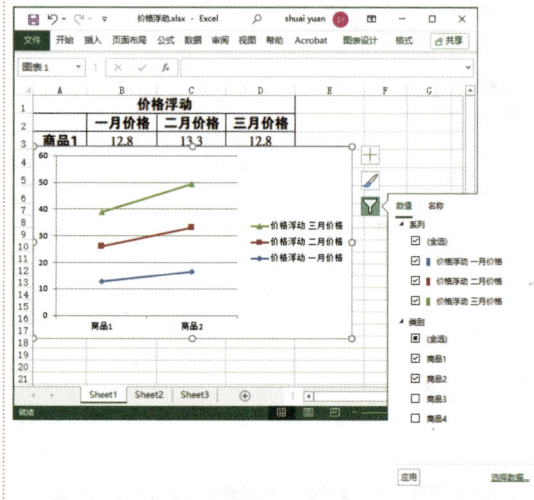

图 6-46

6.4 效率倍增案例——使用迷你图对比分析数据

迷你图是一种嵌在单元格里的微型图表，如果要将多个单元格中的数据集中在一个图表中呈现以对比效果，那么使用迷你图就非常合适。迷你图常用于显示一系列数值的变化趋势和大小的比较。下面详细介绍使用迷你图的相关操作方法。

<< 扫左侧二维码可获取本小节配套视频课程

第1步　打开本例的素材文件"公司运动会.xlsx"，① 选择【插入】选项卡，② 单击【迷你图】组中的【折线】按钮，如图6-47所示。

第2步　弹出【创建迷你图】对话框，单击【数据范围】右侧的折叠按钮，如图6-48所示。

第6章 制作可视化的商务图表

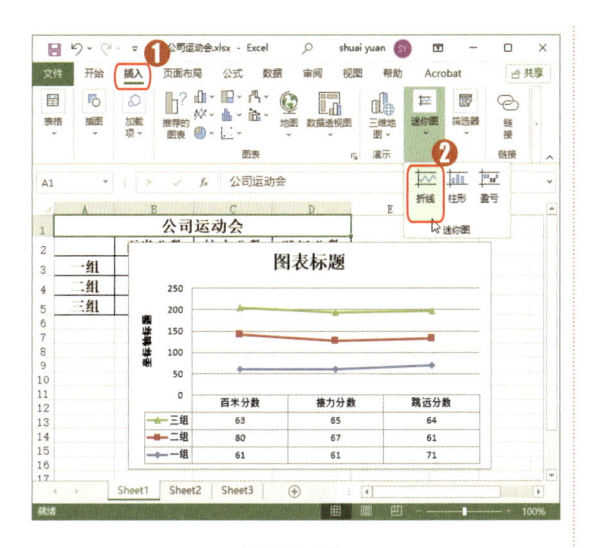

图 6-47

图 6-48

第3步 ① 在工作表中选择准备创建迷你图的数据源区域，② 单击展开按钮，如图 6-49 所示。

第4步 返回到【创建迷你图】对话框，单击【位置范围】右侧的折叠按钮，如图 6-50 所示。

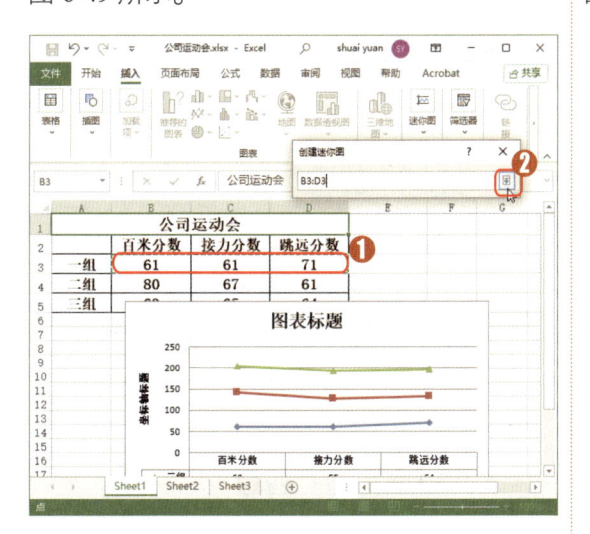

图 6-49

图 6-50

183

第5步 ① 在工作表中选择准备插入迷你图的单元格，② 单击展开按钮，如图 6-51 所示。

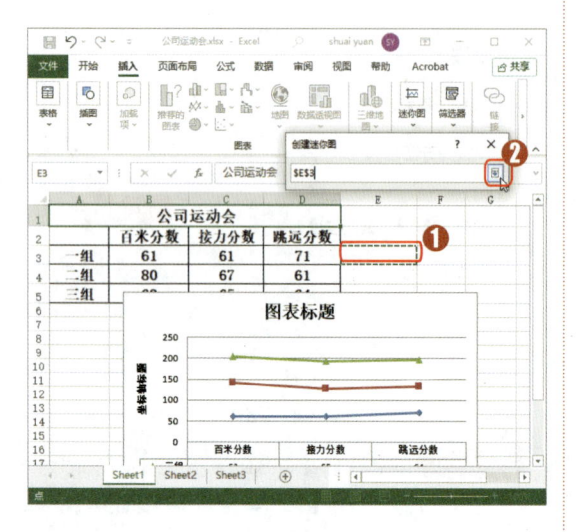

图 6-51

第6步 返回到【创建迷你图】对话框，单击【确定】按钮，如图 6-52 所示。

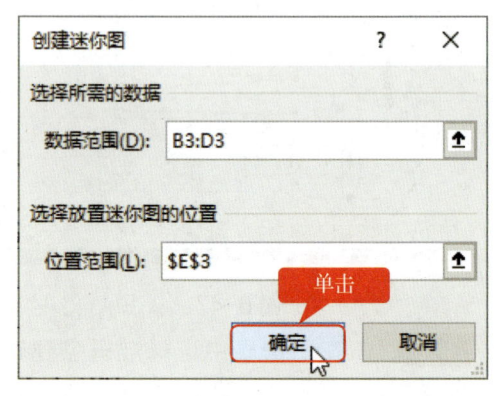

图 6-52

第7步 返回到工作表中，可以看到创建的迷你图，如图 6-53 所示。这样即可完成创建迷你图的操作。

第8步 ① 选择迷你图所在的单元格，② 在【迷你图】选项卡下单击【样式】组中的【标记颜色】下拉按钮，③ 在弹出的下拉列表中选择【尾点】选项，④ 在弹出的子菜单中选择准备使用的标记颜色，如图 6-54 所示。

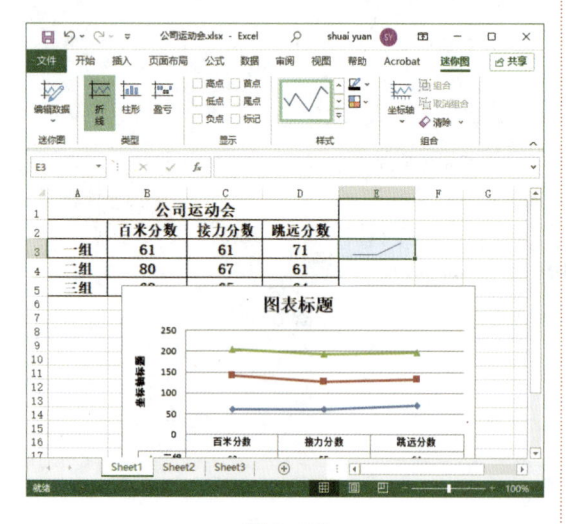

图 6-53

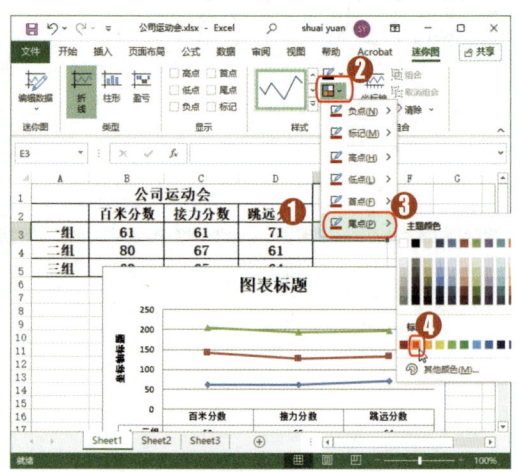

图 6-54

第 6 章
制作可视化的商务图表

第 9 步 可以看到迷你图的尾点颜色已经发生变化，如图 6-55 所示。通过以上方法，即可完成改变迷你图标记颜色的操作。

※ 经验之谈

在迷你图单元格中，用户可以双击该单元格，当单元格进入可编辑状态时，输入迷你图的相关备注文本信息，作为迷你图的背景，这样可以帮助用户一目了然地查看迷你图的相关信息。

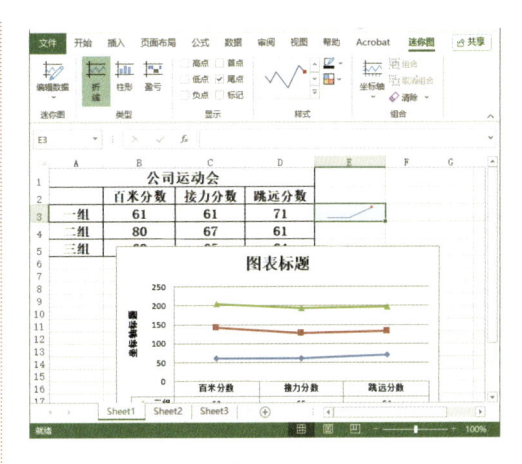

图 6-55

6.5 AI 办公——使用 WPS AI 条件格式功能快速进行数据分析

WPS AI 降低了对用户在条件格式方面的技能要求。只要会输入正确的 AI 指令，就可以获得正确的数据分析结果，大大节省了用户的工作时长。

<< 扫左侧二维码可获取本小节配套视频课程

第 1 步 按照上一章介绍的方法进入【新建智能表格】界面，选择【考勤工资统计表】模板，如图 6-56 所示。

第 2 步 进入【考勤工资统计表】界面，单击【使用模板】按钮，如图 6-57 所示。

图 6-56

图 6-57

185

第3步　创建【考勤工资统计表】后，① 单击【WPS AI】菜单，② 选择【AI 条件格式】命令，如图 6-58 所示。

第4步　系统会弹出一个指令输入框，在其中输入指令"将实发工资大于或等于 8000 的员工，标红显示"，按【Enter】键，如图 6-59 所示。

图 6-58

图 6-59

第5步　AI 自动生成了格式条件，并且按照区域、规则、格式进行了罗列，在这里，我们可以再次确认 AI 生成的这些细节是否正确，并且进行进一步的修改，确认无误后，单击【完成】按钮，如图 6-60 所示。

第6步　此时可以看到，实发工资大于或等于 8000 的单元格已经标成红色，如图 6-61 所示。用户还可以在右侧弹出的【管理条件格式】窗格中单击【编辑】按钮，再次编辑条件格式。

图 6-60

图 6-61

6.6 不加班问答实录

6.6.1 如何让柱形图具有占比效果

在如图 6-62 所示的表格中，一列是目标分数，另一列是实际分数，使用一般柱形图制作出来的样式就会比较普通。那么如何制作出如图 6-63 所示的柱形图，让其展示占比效果呢？

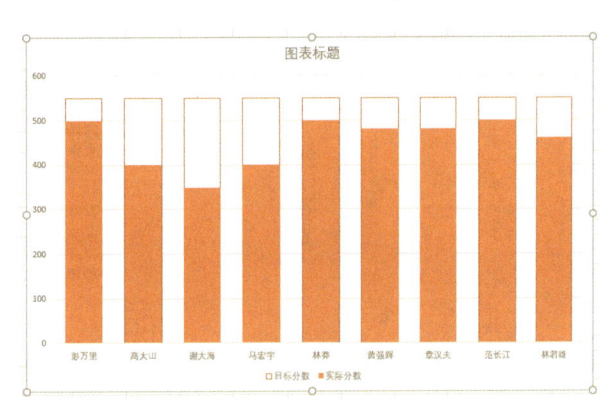

	A	B	C
1	姓名	目标分数	实际分数
2	彭万里	550	500
3	高大山	550	400
4	谢大海	550	350
5	马宏宇	550	400
6	林荞	550	500
7	黄强辉	550	480
8	章汉夫	550	480
9	范长江	550	500
10	林君雄	550	460

图 6-62

图 6-63

这样的占比效果可以通过设置柱形图的属性实现，具体的操作方法如下。

（1）打开素材文件"分数目标.xlsx"，选择数据区域中的任意一个单元格，在【插入】选项卡中选择【插入柱形图或条形图】→【簇状柱形图】命令，如图 6-64 所示。插入一个普通的柱形图，如图 6-65 所示。

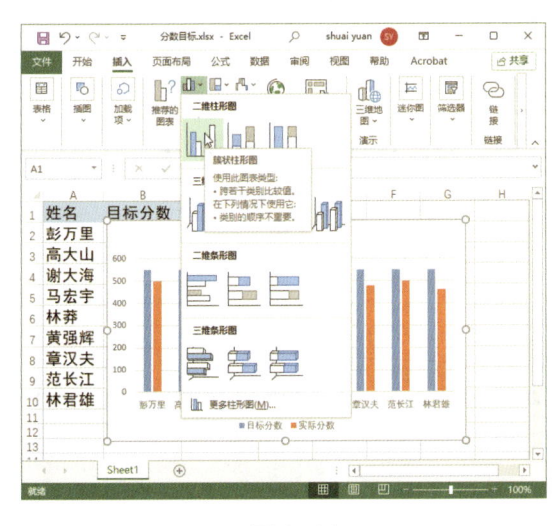

图 6-64

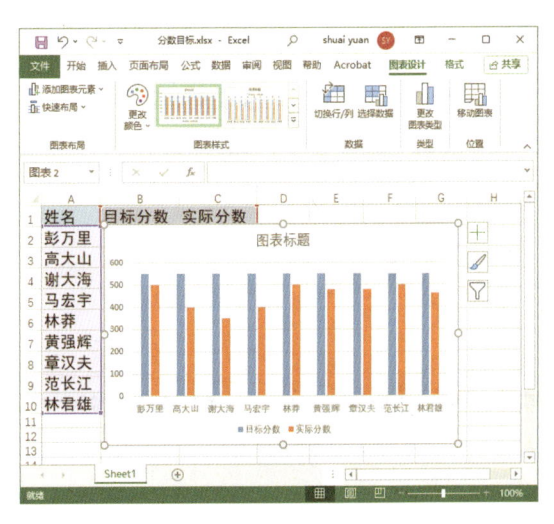

图 6-65

187

（2）右击图表的柱形，在弹出的快捷菜单中选择【设置数据系列格式】命令，如图6-66所示。

（3）右侧会出现【设置数据系列格式】窗格，设置【系列重叠】为100%，让两个柱形重叠在一起；设置【间隙宽度】为60%，让柱形稍微粗一点，如图6-67所示。

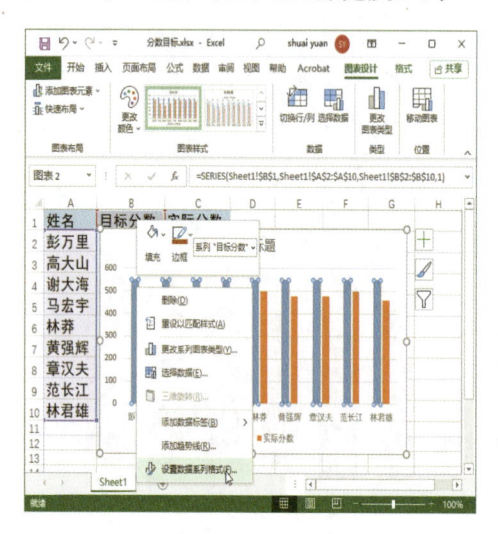

图6-66

图6-67

（4）单击"目标分数"数据系列对应的柱形，在【格式】选项卡中设置【形状填充】为白色，如图6-68所示。

（5）设置【形状轮廓】为和"实际分数"系列一致的橙色，如图6-69所示。设置完成后，通过柱形图就可以直观地看出每位学生的分数达成情况了。

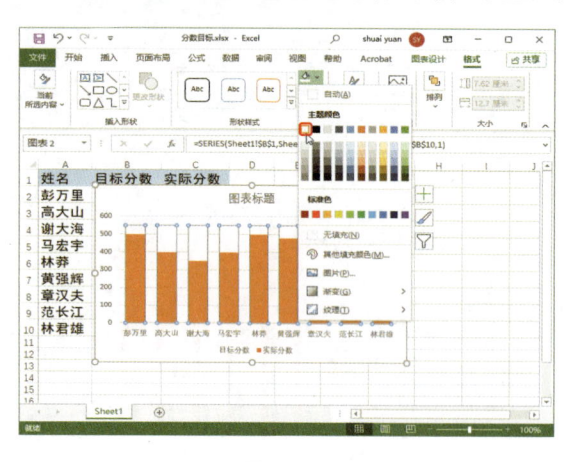

图6-68

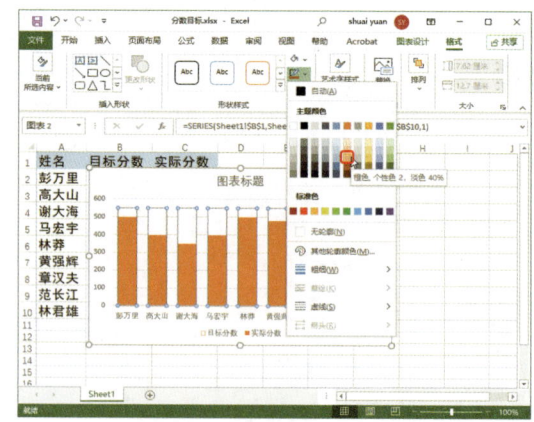

图6-69

6.6.2 如何让图表中同时拥有折线图和柱形图

请看图 6-70，如何使用 Excel 图表功能，在一张图表里实现用柱形图体现目标分数，用折线图体现实际分数？

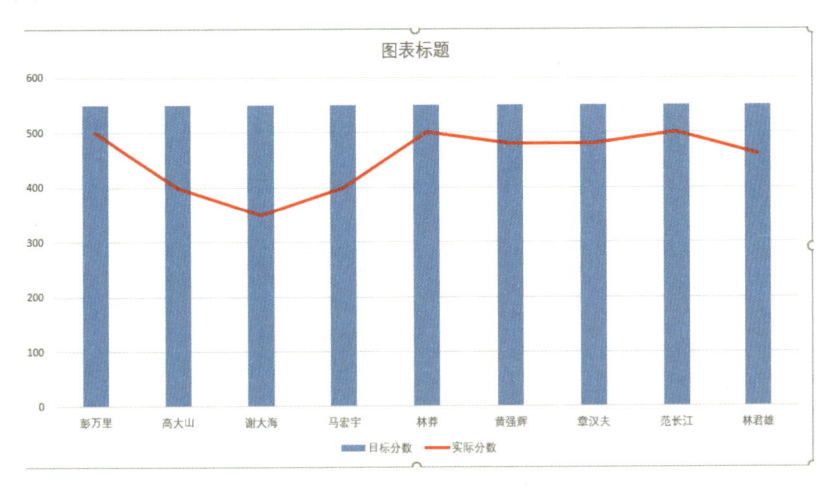

图 6-70

这个效果使用 Excel 中的组合图可以快速实现，具体的操作方法如下。

（1）选择表格中的数据，在【插入】选项卡中选择【插入柱形图或条形图】→【簇状柱形图】命令，插入一个柱形图，如图 6-71 所示。

（2）选中图表后，在【图表设计】选项卡中单击【更改图表类型】图标，如图 6-72 所示。

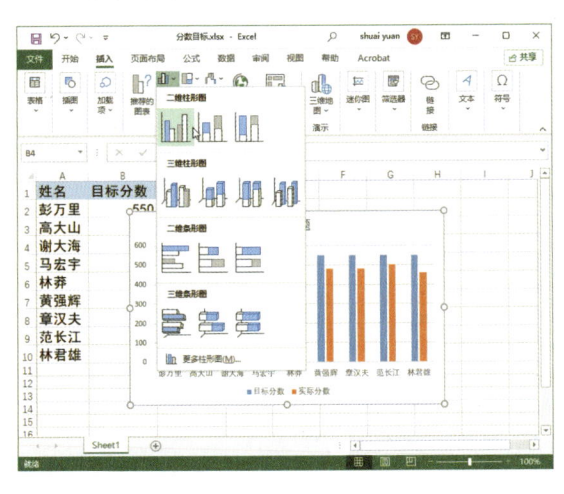

图 6-71　　　　　　　　　　图 6-72

（3）弹出【更改图表类型】对话框，在【所有图表】选项卡中选择【组合图】选项，将"目标分数"系列的图表类型设置为【簇状柱形图】，将"实际分数"系列的图表类型设置为【折线图】，单击【确定】按钮，如图 6-73 所示。

（4）选择折线图，在【格式】选项卡中设置【形状轮廓】为红色，如图 6-74 所示。让柱形图和折线图的颜色差异更明显，图表也变得更好看一些。

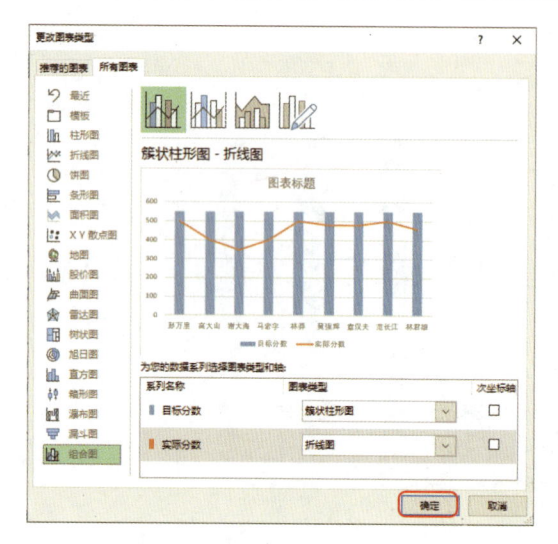

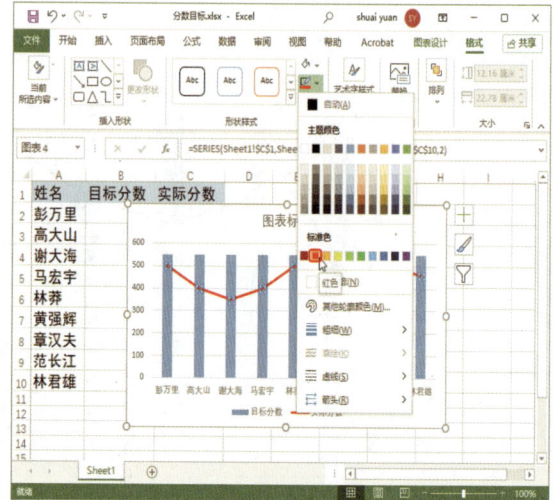

图 6-73

图 6-74

早做完，不加班

扫码获取本章学习素材

第 7 章

使用数据透视表分析数据

本章知识要点
- 创建数据透视表
- 灵活运用数据透视表
- 效率倍增案例——统计各个销售员销售额占总销售额的比例
- AI办公——使用WPS AI数据问答

本章主要内容

  本章主要介绍使用数据透视表分析数据的相关知识和技巧，主要内容包括创建数据透视表、灵活运用数据透视表、统计各个销售员销售额占总销售额的比例，最后还介绍使用WPS AI数据问答的操作方法，并对一些常见的Excel问题进行了解答。

7.1 创建数据透视表

Excel 中的数据透视表是一种用于对数据进行分析的三维表格，它通过对表格行、列的不同选择甚至进行转换以查看源数据的不同汇总结果，可以显示不同的页面以筛选数据，并根据不同的实际需要显示所选区域的明细数据。此功能为用户分析数据带来了极大的方便。本节将详细介绍创建数据透视表的相关知识及操作方法。

7.1.1 快速创建数据透视表

数据透视表是基于已经建立好的数据表而建立的。创建数据透视表，首先要保证工作表中数据的正确性，其次要具有列标签，然后工作表中必须含有数字文本。下面详细介绍创建数据透视表的操作方法。

<< 扫左侧二维码可获取本小节配套视频课程

第1步 打开本例的素材文件"销售数据.xlsx"，① 单击数据源中的任意一个单元格，② 选择【插入】选项卡，③ 在【表格】组中单击【数据透视表】按钮，如图 7-1 所示。

第2步 弹出【来自表格或区域的数据透视表】对话框，① 在【表/区域】文本框中自动填入了光标所在的连续数据区域，即本例的数据源的范围，② 在【选择放置数据透视表的位置】区域下方自动选中了【新工作表】单选项，表示将数据透视表创建到一个新的工作表中，③ 单击【确定】按钮，如图 7-2 所示。

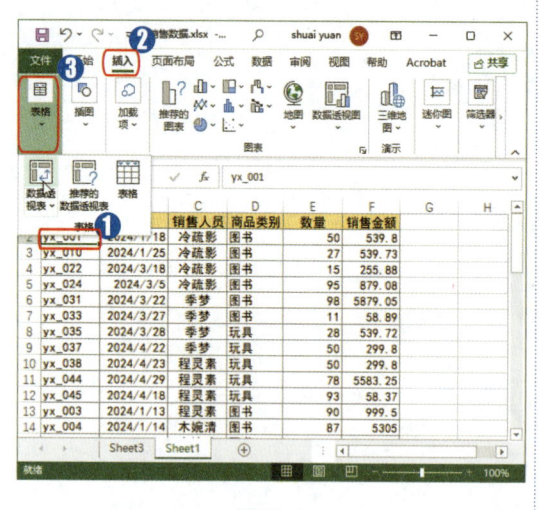

图 7-1

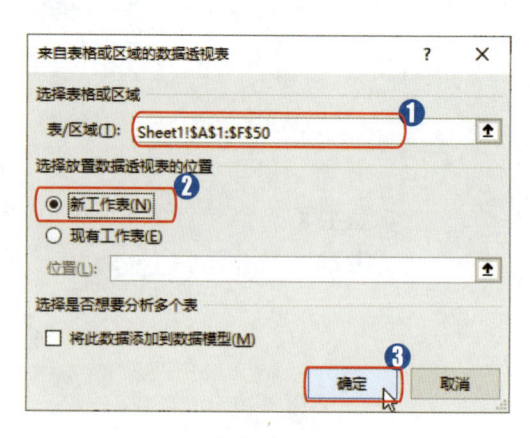

图 7-2

知识拓展

在【来自表格或区域的数据透视表】对话框中，如果用户已经确定了准备应用的数据源范围，也可以在【表/区域】文本框中手动输入单元格区域地址。

第3步 Excel 会自动添加一个新工作表，并在其中创建了一个空白的数据透视表。左侧为数据透视表区域，右侧自动显示了【数据透视表字段】窗格，其中包含了字段对应数据源中的各列，字段名称就是各列顶部的标题，如图 7-3 所示。

接下来，用户只需将各个字段拖动到数据透视表的各个区域中，即可创建出一个具有实用价值的数据分析透视表。

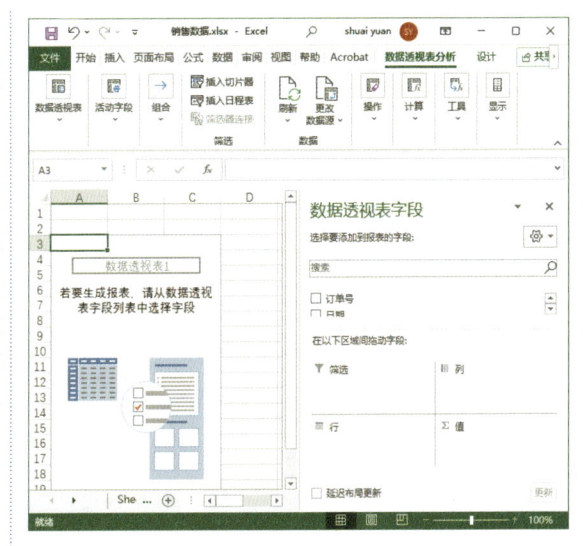

图 7-3

知识拓展

在【数据透视表字段】窗格中，在【选择要添加到报表的字段】区域中使用鼠标左键拖动相应的字段复选项，至【在以下区域间拖动字段】区域中的相应列表框中释放鼠标左键，返回到工作表中，可以看到新添加的字段，单击下拉按钮即可查看相应的字段信息。

7.1.2 自动布局数据透视表字段

数据透视表中字段的添加过程分为自动和手动两种，对于新手而言，如果用户不知道如何安排字段的位置，则可以使用自动添加的方式。本例将继续使用上一小节的案例进行讲解。下面详细介绍其操作方法。

<< 扫左侧二维码可获取本小节配套视频课程

第 1 步 在【数据透视表字段】窗格中勾选左侧的字段复选框，窗格下方的 4 个列表框中将会显示已经添加到数据透视表中的字段，这种字段布局的方式就是 Excel 中的字段自动布局功能，如图 7-4 所示。

第 2 步 Excel 会自动将字段添加到数据透视表中特定的区域，如图 7-5 所示。并且根据字段在不同区域中的变化，左侧的数据透视表会显示最新统计结果。

图 7-4

图 7-5

7.1.3 查看数据透视表中的明细数据

在本例的数据透视表中，包含"销售部门""商品类别"两个行字段，当前只显示了所有部门的销量金额，但是并未显示各个部门具体商品的销量金额。下面详细介绍如何显示所有部门各种商品的销量金额，从而查看数据透视表中的明细数据。

<< 扫左侧二维码可获取本小节配套视频课程

第 1 步 打开本例的素材文件"查看数据.xlsx"，① 右击"销售部门"字段标题中的任意一项，② 在弹出的快捷菜单中选择【展开/折叠】命令，③ 选择【展开整个字段】子命令，如图 7-6 所示。

第 2 步 可以看到数据透视表中已经显示了每个销售部门各种商品的详细销售金额，如图 7-7 所示。

第 7 章
使用数据透视表分析数据

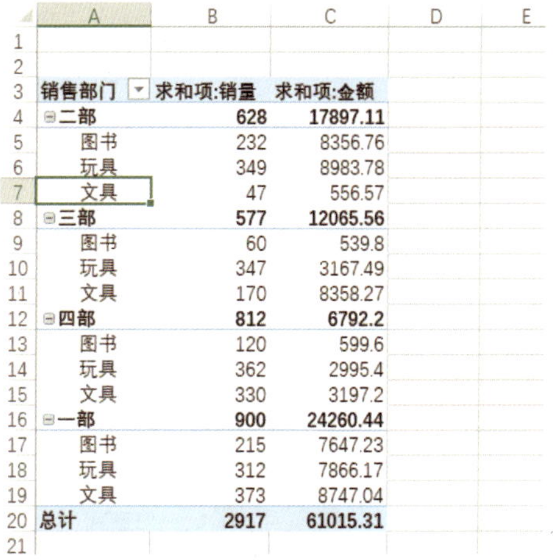

图 7-6

图 7-7

7.1.4 早做完秘籍①——利用多个数据源创建数据透视表

Excel 数据透视表的数据源一般都是单个数据表格，如果数据源是存在于不同工作表的多个数据表格，那么该如何创建数据透视表呢？

<<扫左侧二维码可获取本小节配套视频课程

当然，我们可以先手工把多个数据表格合并为一个数据表格，然后插入数据透视表。但实际上系统已经提供了解决方案，当数据源是多个工作表时，可以通过【多重合并计算数据区域】命令来创建数据透视表。

在本例中，如图 7-8 所示，在一个工作簿中有 3 个分别记录 1~3 月份生产明细的工作表，现希望将这 3 个工作表的数据合并汇总创建数据透视表，显示在"总计"工作表中。下面详细介绍其操作方法。

图 7-8

195

第1步 打开本例的素材文件"产量统计表.xlsx",①单击"总计"工作表中的任一单元格,②依次按【Alt】、【D】、【P】键,在弹出的【数据透视表和数据透视图向导 - 步骤1】对话框中选中【多重合并计算数据区域】单选项,③单击【下一步】按钮,如图7-9所示。

第2步 进入【数据透视表和数据透视图向导 - 步骤2a】对话框中,继续单击【下一步】按钮,如图7-10所示。

图 7-9

图 7-10

第3步 进入【数据透视表和数据透视图向导 - 步骤2b】对话框中,单击【选定区域】文本框右侧的折叠按钮,如图7-11所示。

第4步 ①单击"一月份"工作表标签,②选定工作表数据所在的单元格区域,③单击展开按钮,如图7-12所示。

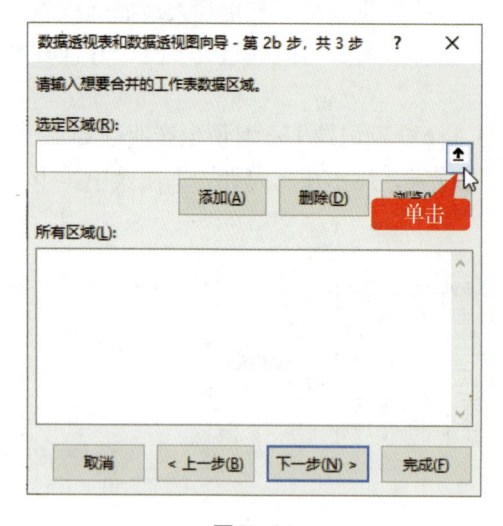

图 7-11

图 7-12

第 7 章 使用数据透视表分析数据

第5步 ① 【选定区域】文本框中显示一月份需要合并透视的区域，② 单击【添加】按钮，如图 7-13 所示。

第6步 重复步骤 3~5，① 继续添加二月份和三月份的数据，② 单击【下一步】按钮，如图 7-14 所示。

图 7-13

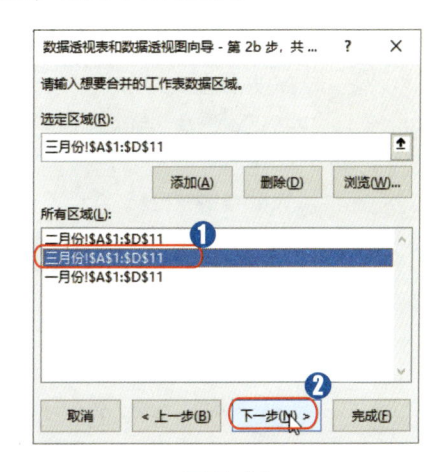

图 7-14

第7步 进入【数据透视表和数据透视图向导 - 步骤 3】对话框中，① 选中【现有工作表】单选项，② 单击右侧的折叠按钮，如图 7-15 所示。

第8步 ① 选择数据透视表显示的位置，② 单击展开按钮，如图 7-16 所示。

图 7-15

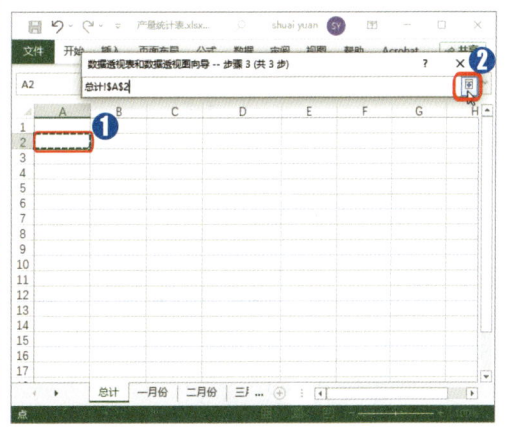

图 7-16

第9步 返回到【数据透视表和数据透视图向导 - 步骤 3】对话框中，单击【完成】按钮，如图 7-17 所示。

第10步 ① 选择数据透视表列标签的任意单元格并右击，② 在弹出的快捷菜单中选择【值汇总依据】命令，③ 选择【求和】命令，如图 7-18 所示。

197

早做完，不加班
Excel 数据处理效率手册

图 7-17

图 7-18

第11步 ① 单击"列标签"的下拉按钮，② 取消勾选不需要汇总求和的费用类型，③ 单击【确定】按钮，如图 7-19 所示。

第12步 即可完成多工作表数据源的数据透视表创建，如图 7-20 所示。

图 7-19

图 7-20

7.2 灵活运用数据透视表

完成创建数据透视表后，用户可以运用数据透视表快速进行汇总、分析和可视化阅读。本节将详细介绍运用数据透视表的相关知识，包括打开报表时自动刷新数据、设计美观又实用的样式、更改字段名称和汇总方式、使用筛选器等相关操作方法。

7.2.1 打开报表时自动刷新数据

Excel 提供了自动刷新数据透视表的功能。如果希望在每次打开包含数据透视表的工作簿时，无论数据源中的内容是否有所修改，都对数据透视表刷新一遍，那么可以进行本例介绍的操作。

<< 扫左侧二维码可获取本小节配套视频课程

第1步 打开本例的素材文件"产品统计表.xlsx"，① 右击数据透视表中的任意一个单元格，② 在弹出的快捷菜单中选择【数据透视表选项】命令，如图 7-21 所示。

第2步 弹出【数据透视表选项】对话框，① 选择【数据】选项卡，② 勾选【打开文件时刷新数据】复选框，③ 单击【确定】按钮，如图 7-22 所示。

图 7-21

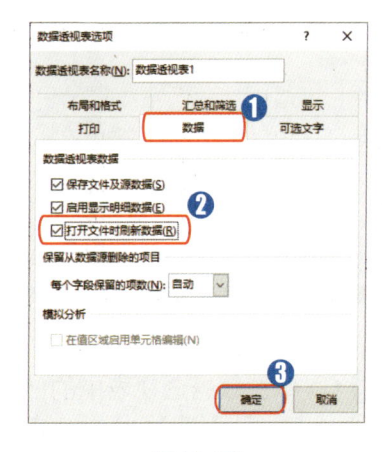

图 7-22

知识拓展

在刷新数据透视表时，可以自动调整数据透视表中单元格的列宽，使其正好匹配内容的宽度。方法是：在【数据透视表选项】对话框的【布局和格式】选项卡中，勾选【更新时自动调整列宽】复选框。

7.2.2 设计美观又实用的样式

在创建数据透视表之后，用户可以应用数据透视表布局及数据透视表样式，以达到美化数据透视表的目的。下面详细介绍设计美观又实用的样式的操作方法。

<< 扫左侧二维码可获取本小节配套视频课程

199

第1步 打开本例的素材文件"产量统计表1.xlsx"，① 单击数据透视表中的任意单元格，② 选择【设计】选项卡，③ 在【布局】组中单击【总计】下拉按钮，④ 在弹出的下拉列表中选择【对行和列禁用】选项，如图 7-23 所示。

第2步 通过以上方法，即可完成应用数据透视表布局的操作，效果如图 7-24 所示。

图 7-23

图 7-24

第3步 ① 单击数据透视表中的任意单元格，② 选择【设计】选项卡，③ 在【数据透视表样式】组中选择准备使用的数据透视表样式，如图 7-25 所示。

第4步 通过以上方法，即可完成应用数据透视表样式的操作，效果如图 7-26 所示。

图 7-25

图 7-26

第5步 在【数据透视表样式选项】列表框中勾选【镶边行】复选框，会显示镶边行效果，这些行上的偶数行和奇数行的格式互不相同，这种镶边方式使表格的可读性更强，如图 7-27 所示。

第6步 在【数据透视表样式选项】列表框中勾选【镶边列】复选框，会显示镶边列效果，这些列上的偶数列和奇数列的格式互不相同，这种镶边方式使表格的可读性更强，如图 7-28 所示。

图 7-27

图 7-28

知识拓展

在【数据透视表样式】组中单击【其他】按钮，即可展开样式库列表，用户可以在这里选择更多的数据透视表样式；还可以选择【新建数据透视表样式】选项，在弹出的【新建数据透视表样式】对话框中自定义设置一个数据透视表样式。

7.2.3 更改字段名称和汇总方式

在 Excel 工作表中，数据透视表的汇总方式有很多，用户可以选择工作需要的汇总方式，同时也可以使用自定义字段名称。下面详细介绍其操作方法。

<< 扫左侧二维码可获取本小节配套视频课程

201

第1步 打开本例的素材文件"工资明细表.xlsx",① 右击准备更改汇总方式的单元格,② 在弹出的快捷菜单中选择【值字段设置】命令,如图 7-29 所示。

第2步 弹出【值字段设置】对话框,① 选择【值汇总方式】选项卡,② 在【计算类型】列表框中选择准备使用的汇总方式,如【平均值】列表项,③ 在【自定义名称】文本框中输入准备使用的汇总方式名称,如"基本工资平均值",④ 单击【确定】按钮,如图 7-30 所示。

图 7-29

图 7-30

第3步 返回到工作表中,可以看到基本工资的汇总方式以及字段名称发生改变,如图 7-31 所示。这样即可完成更改字段名称和汇总方式的操作。

※ 经验之谈

在【值字段设置】对话框中,选择【值显示方式】选项卡,在【值显示方式】列表框中,用户可以根据实际工作需要选择数字文本的显示方式,例如,【全部汇总百分比】、【列汇总的百分比】、【行汇总的百分比】及【百分比】等。

图 7-31

7.2.4 使用两大筛选器的方法

Excel 中最常用的筛选方法有两种:第一种是通过表的筛选按钮进行筛选,这种方法快捷、功能强大,类似于数据库中的 SQL 查询,几乎可以实现任何情况的查询与筛选功能;第二种是插入切片器进行筛选,这种方法最大的好处是直观、一目了然。

<< 扫左侧二维码可获取本小节配套视频课程

第 7 章
使用数据透视表分析数据

第1步　打开本例的素材文件"筛选数据.xlsx"，在本例的数据透视表中，显示了各个销售公司所有产品的销售数据，现需要筛选出各个销售公司的"高分子类产品"数据，如图 7-32 所示。

第2步　① 单击"销售公司"字段标签右侧的下拉按钮，② 在弹出的下拉列表中选择【标签筛选】选项，③ 选择【包含】选项，如图 7-33 所示。

图 7-32

图 7-33

第3步　弹出【标签筛选（产品大类）】对话框，① 在右侧的文本框中输入要作为筛选条件的文本，本例为"高"，② 单击【确定】按钮，如图 7-34 所示。

第4步　返回到数据透视表中，可以看到已经将"高分子类产品"数据筛选出来，如图 7-35 所示。这样即可完成使用标签筛选功能筛选数据的操作。

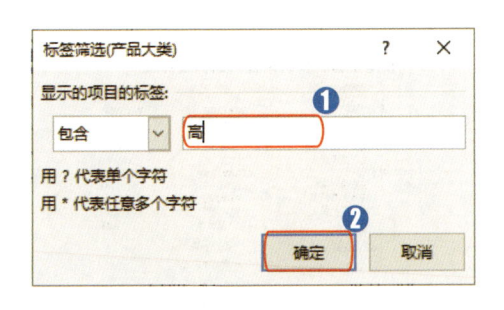

图 7-34

图 7-35

早做完，不加班
Excel 数据处理效率手册

第5步 ① 单击数据透视表中的任意一个单元格，② 选择【数据透视表分析】选项卡，③ 在【筛选】组中单击【插入切片器】按钮，如图 7-36 所示。

第6步 弹出【插入切片器】对话框，① 勾选【销售公司】和【产品大类】两个复选框，② 单击【确定】按钮，如图 7-37 所示。

图 7-36

图 7-37

第7步 可以看到为当前数据透视表创建了两个切片器，每个切片器的标题显示为字段的名称，如图 7-38 所示。切片器中的所有项目默认处于选中状态，单击其中任意一项，即可取消其他项的选中状态。

第8步 ① 单击【销售公司】切片器右上角的【多选】按钮，开启多选模式，② 在该切片器中同时选中"北京公司"和"大连公司"两项，将会筛选出"北京公司"和"大连公司"两个销售公司所有商品的销售数据，如图 7-39 所示。

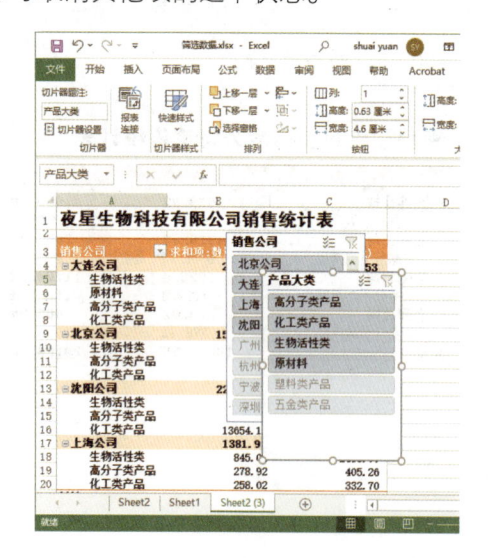

图 7-38

图 7-39

204

第 7 章 使用数据透视表分析数据

第9步 ① 单击【产品大类】切片器右上角的【多选】按钮，开启多选模式，② 在该切片器中同时选中"化工类产品"和"生物活性类"两项，将在上一步筛选的基础上，继续对数据透视表中的"产品大类"字段进行筛选，显示出"化工类产品"和"生物活性类"两种商品的数据，如图 7-40 所示。

※ **经验之谈**

用户可以拖动切片器将它们移动到合适的位置。如果有多个切片器，可以在按住【Shift】键的同时，依次单击每一个切片器，从而将它们同时选中，然后一起移动。

图 7-40

7.2.5 早做完秘籍 ②——巧用透视图展示各数据间的关系和变化

在 Excel 工作表中，用户可以通过插入数据透视图，方便清晰地展示各数据间的关系和变化。在数据透视图中包含了很多筛选器，用户可以利用这些筛选器筛选出不同的数据，如图 7-41 所示。同时也可以使用切片器对透视图中的数据进行分析，如图 7-42 所示。

<< 扫左侧二维码可获取本小节配套视频课程

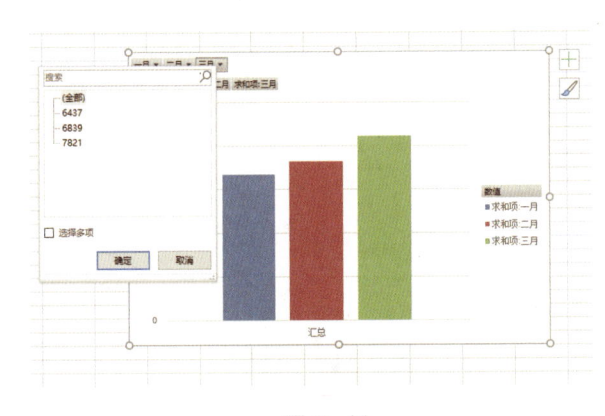

图 7-41 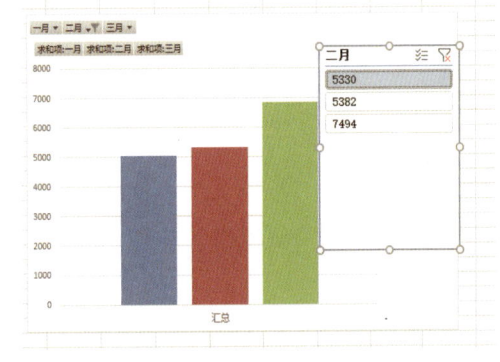　　　　　　图 7-42

下面详细介绍使用数据透视图中的筛选器和切片器对数据进行分析的方法。

第1步 打开本例的素材文件"生产部一季度统计.xlsx"，① 单击数据源中的任意单元格，② 选择【插入】选项卡，③ 单击【图表】组中的【数据透视图】下拉按钮，④ 在弹出的下拉列表中选择【数据透视图】选项，如图 7-43 所示。

第2步 弹出【创建数据透视图】对话框，① 选中【新工作表】单选项，② 单击【确定】按钮，如图 7-44 所示。

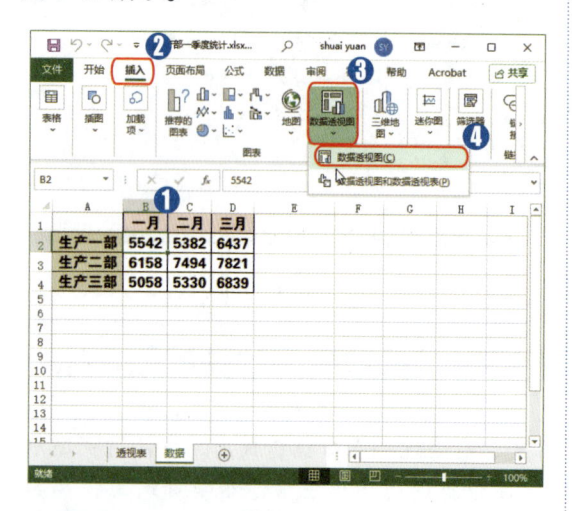

图 7-43

图 7-44

第3步 系统会自动新建一个工作表，在工作表内会有空白的数据透视表、数据透视图及【数据透视图字段】任务窗格，如图 7-45 所示。

第4步 在【数据透视图字段】任务窗格中，勾选准备使用的字段复选框，即可完成使用数据源创建透视图的操作，如图 7-46 所示。

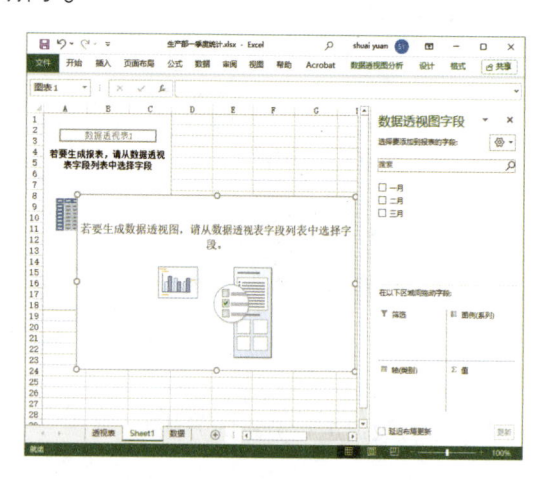

图 7-45

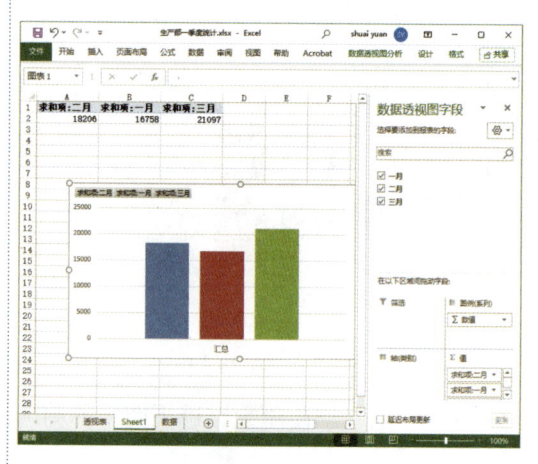

图 7-46

第 7 章
使用数据透视表分析数据

第 5 步 在【数据透视图字段】任务窗格中，在【选择要添加到报表的字段】区域中使用鼠标左键拖动【一月】字段，至【在以下区域间拖动字段】区域中的【筛选】列表框中释放鼠标左键，如图 7-47 所示。

第 6 步 返回到工作表中，可以看到新添加的字段。单击准备筛选数据的下拉按钮，即可利用这些筛选器筛选出不同的数据，如图 7-48 所示。

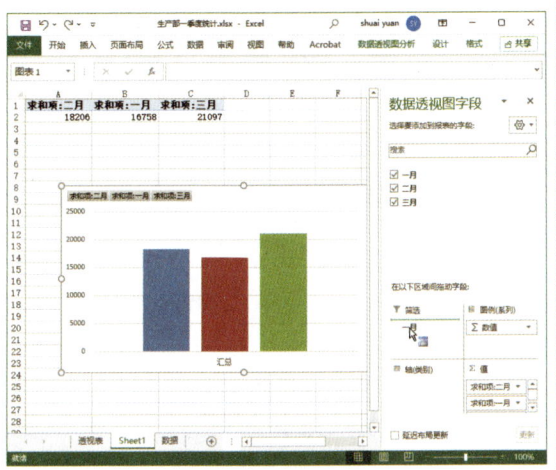

图 7-47

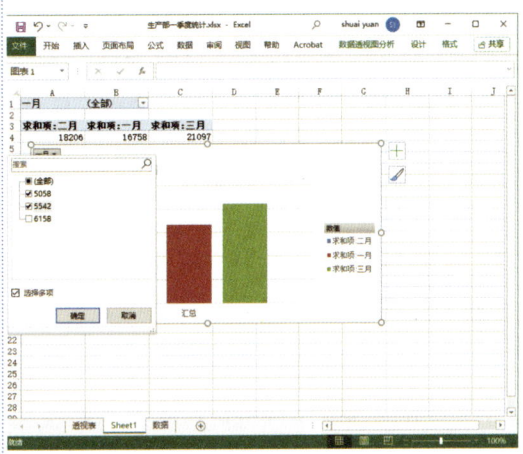

图 7-48

第 7 步 创建数据透视图后，① 选择【数据透视图分析】选项卡，② 单击【筛选】组中的【插入切片器】按钮，如图 7-49 所示。

第 8 步 弹出【插入切片器】对话框，① 勾选【二月】复选框，② 单击【确定】按钮，如图 7-50 所示。

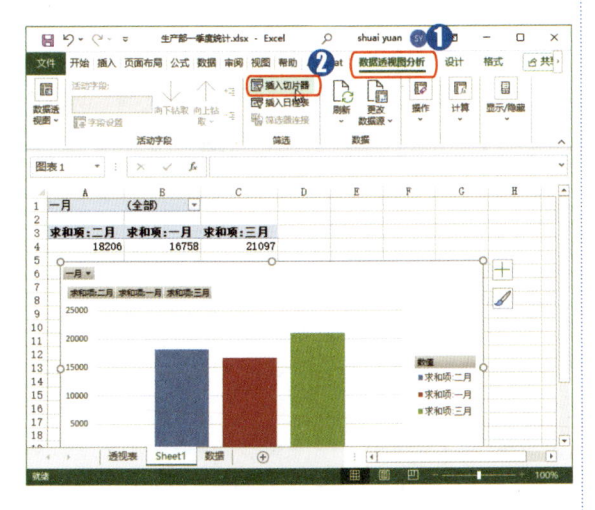

图 7-49

图 7-50

第9步 系统会弹出【二月】切片器，单击相应的数据，即可对数据透视图进行相应的分析，如图 7-51 所示。

※ **经验之谈**

在 Excel 工作表中，用户还可以使用已经创建好的数据透视表来创建透视图。单击透视表中的任意单元格，选择【插入】选项卡，单击【图表】组中【柱形图】的下拉按钮，在弹出的下拉列表中选择准备使用的柱形图样式，系统会自动创建刚刚选择样式的图表，并显示选中数据透视表中的数据信息内容。

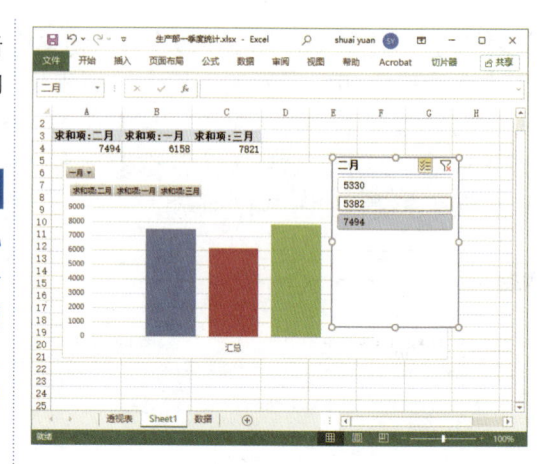

图 7-51

知识拓展

右击准备更改类型的透视图，在弹出的快捷菜单中选择【更改图表类型】命令，弹出【更改图表类型】对话框，选择准备更改的图表类型，然后选择准备应用的图表样式，单击【确定】按钮，即可完成更改数据透视图的操作。

7.3 效率倍增案例——统计各个销售员销售额占总销售额的比例

在数据透视表中，用户可以通过设置显示出数据占总和的百分比。在本例的数据透视表中，统计出了公司每个销售员的销售金额，用户可以通过设置显示方式，显示出每个销售员的销售金额占总销售额的百分比。

<< 扫左侧二维码可获取本小节配套视频课程

第1步 打开素材文件"统计公司各个销售员销售额占总销售额的比例.xlsx"，① 选中需要设置的数值字段，这里选择"求和项：销售金额"字段，并右击，② 在弹出的快捷菜单中选择【值显示方式】命令，③ 选择【总计的百分比】命令，如图 7-52 所示。

第2步 此时，在数据透视表中可以看到该字段下的数据已经按照百分比的形式显示结果，如图 7-53 所示。

第 7 章
使用数据透视表分析数据

图 7-52

图 7-53

第 3 步 ① 选择【设计】选项卡，② 在【布局】组中单击【报表布局】按钮，③ 在弹出的下拉列表中选择【以表格形式显示】选项，如图 7-54 所示。

第 4 步 更改完布局显示后，将"求和项：销售金额"字段名称修改为"总销售额的比例"，即可完成本例的操作，效果如图 7-55 所示。

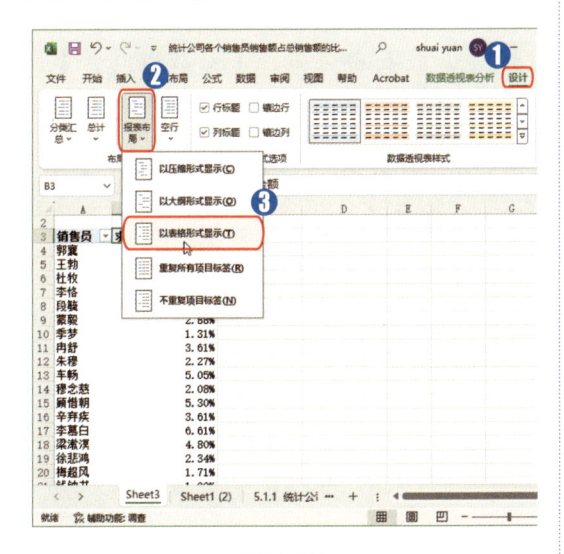

图 7-54

图 7-55

209

早做完，不加班
Excel 数据处理效率手册

7.4 AI 办公——使用 WPS AI 数据问答

使用 WPS AI 数据问答，可以通过对话的方式进行数据检查、数据洞察、预测分析、关联性分析等。下面详细介绍使用 WPS AI 数据问答的操作方法。

<< 扫左侧二维码可获取本小节配套视频课程

第1步 按照之前介绍的方法进入【新建智能表格】界面，选择【学生假期去向统计表】模板，如图 7-56 所示。

第2步 进入【学生假期去向统计表】界面，单击【使用模板】按钮，如图 7-57 所示。

图 7-56

图 7-57

第3步 创建完工作表后，选中数据中的任一单元格，单击【AI 数据问答】按钮，如图 7-58 所示。

第4步 在右侧会弹出【AI 数据问答】窗格，用户可以在文本框中输入与 AI 的对话内容，也可以单击文本框上方出现的提示内容，这里单击【从数据中能得出什么结论】选项，如图 7-59 所示。

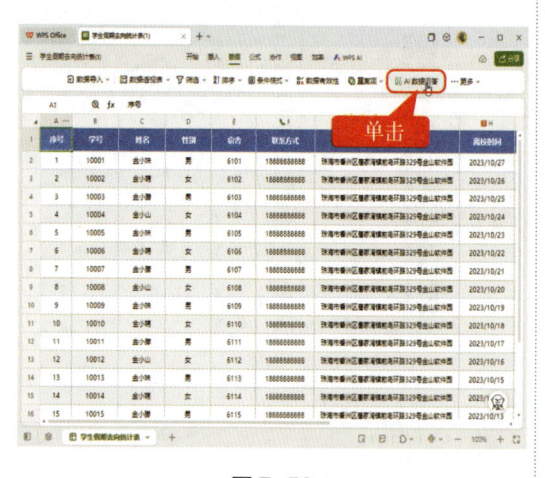

图 7-58

图 7-59

210

第 7 章
使用数据透视表分析数据

第 5 步 WPS AI 数据问答快速从数据资源中检索出相关的信息和知识，并以清晰、易懂的方式呈现给用户，将从数据中得出的结论信息展现出来，如图 7-60 所示。

第 6 步 如果用户准备重新进行 AI 数据问答，单击【开启新话题】按钮，即可重新打开一个与 AI 的对话框，如图 7-61 所示。

图 7-60

图 7-61

7.5 不加班问答实录

7.5.1 如何在单独的工作表中查看特定项的明细数据

一般情况下，数据透视表中的数据是对数据源同类项的汇总，因此，可能经常会需要在数据透视表中查看与特定项相关的明细数据。例如，在本例的数据透视表中，想要查看"三部"部门中"玩具"销量的明细数据，如图 7-62 所示，可以使用下面介绍的方法。

图 7-62

（1）打开本例的素材文件"查看特定项的明细数据.xlsx"，在本例的数据透视表中，双击"三部"销售部门中"玩具"销量汇总值所在的单元格，这里为B10单元格，如图7-63所示。

（2）程序会自动新建一个工作表，并在其中显示"三部"部门"玩具"的每条详细的销量数据，如图7-64所示。

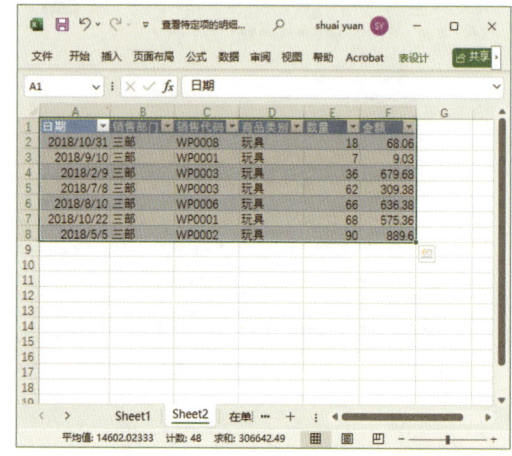

图 7-63

图 7-64

（3）查看明细数据后，可以将新建的工作表删除。右键单击包含明细数据的工作表标签，在弹出的快捷菜单中选择【删除】命令，如图7-65所示。

（4）程序会弹出一个对话框，单击【删除】按钮，即可将该工作表删除，如图7-66所示。

图 7-65

图 7-66

7.5.2 如何禁用显示明细数据

使用数据透视表时，有时可能不想让其他人随意查看数据透视表中的明细数据，以免发生一些误操作，此时就可以通过设置来禁止显示明细数据，禁止效果如图 7-67 所示。

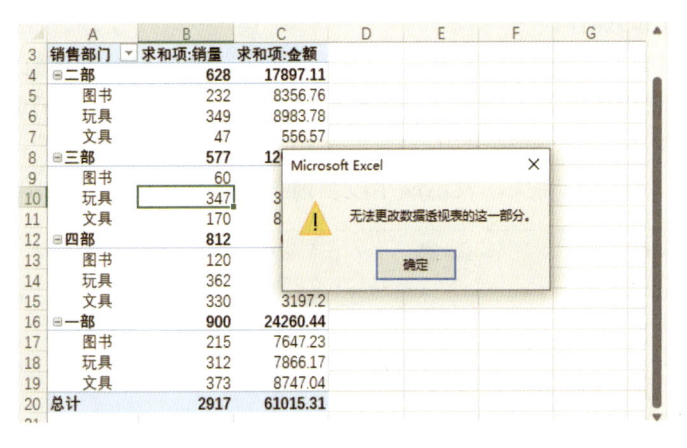

图 7-67

（1）打开本例的素材文件"禁用显示明细数据.xlsx"，右键单击任意一个单元格，在弹出的快捷菜单中选择【数据透视表选项】命令，如图 7-68 所示。

（2）弹出【数据透视表选项】对话框，选择【数据】选项卡，在【数据透视表数据】区域下方，取消勾选【启用显示明细数据】复选框，单击【确定】按钮，如图 7-69 所示。

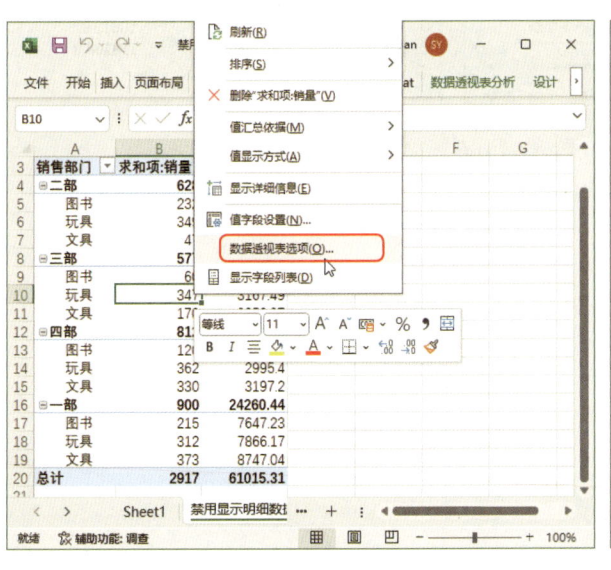

图 7-68　　　　　　　　　　图 7-69

7.5.3 如何对所有商品按销量降序排列

在数据透视表中，字段中的字段项默认是按照字段项的首字母升序排列。本例中的所有商品都是按照商品名称的首字母进行升序排列的。如果想要按照销量从大到小进行降序排列，则可以进行下面的操作。

（1）打开素材文件"排序数据.xlsx"，使用鼠标右键单击"销售数量"字段标题中的任意一项，在弹出的快捷菜单中选择【排序】→【降序】命令，如图 7-70 所示。

（2）可以看到，在数据透视表中已经进行了降序排列，在"商品"字段标题右侧的下拉按钮上会显示一个向下的箭头，表示该字段当前正在以降序排列，如图 7-71 所示。

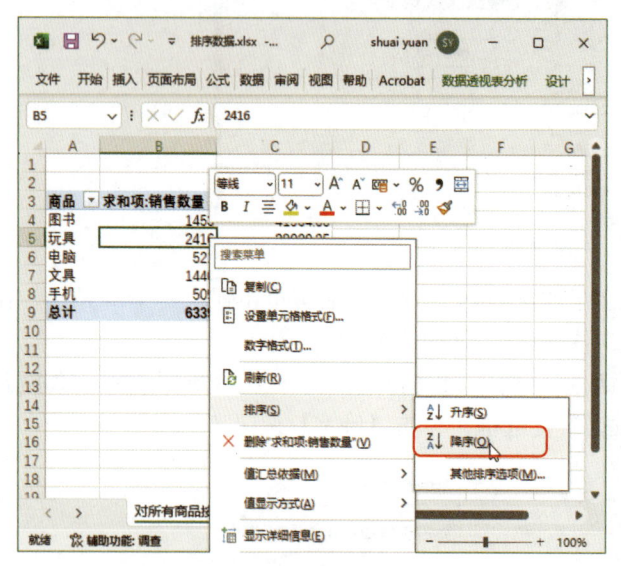

图 7-70

图 7-71

早做完，不加班

扫码获取本章学习素材

第 8 章

职场办公多备一招

本章知识要点
- 加密保护
- 简单易用的小妙招
- 打印与输出表格

本章主要内容　　本章主要介绍一些关于职场办公的相关技巧，主要内容包括加密保护、简单易用的小妙招，最后还介绍打印和输出表格的相关知识及操作方法。

8.1 加密保护

在实际工作中，公司的财务、HR、销售、运营等员工制作的表格可能涉及一些私密信息，不允许外人查看，那么，如何给这些表格加密，只允许掌握密码的人查看表格？为了保护文档，可以设置文档的访问权限，防止无关人员访问文档；也可以设置文档的修改权限，防止文档被恶意修改。

8.1.1 加密工作簿的方法

若要防止其他用户查看隐藏的工作表、添加、移动或隐藏工作表及重命名工作表，可以使用密码保护 Excel 工作簿的结构。本例详细介绍保护工作簿的相关操作方法。

<< 扫左侧二维码可获取本小节配套视频课程

第1步 打开本例的素材文件"月销售记录表.xls"，① 选择【审阅】选项卡，② 在【保护】组中单击【保护工作簿】按钮，如图 8-1 所示。

第2步 弹出【保护结构和窗口】对话框，① 在【密码】文本框中输入准备保护工作簿的密码，② 单击【确定】按钮，如图 8-2 所示。

图 8-1

图 8-2

第3步 弹出【确认密码】对话框，① 在【重新输入密码】文本框中输入刚才设置的密码，② 单击【确定】按钮，如图 8-3 所示。

第4步 返回到工作簿中，右击任意一个工作表标签，在弹出的快捷菜单中可以看到很多命令都以灰色显示，这样即可完成加密工作簿的操作，如图 8-4 所示。

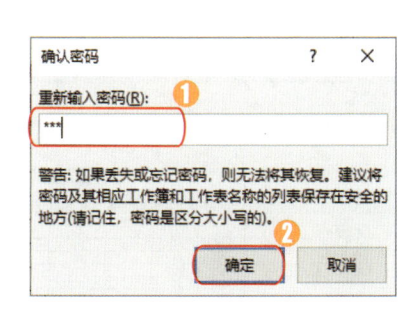

图 8-3

图 8-4

8.1.2 如何保护工作表不被他人修改

除了可以保护整个工作簿之外，用户还可以对工作簿中的任意一个工作表进行保护设置。下面详细介绍保护工作表的方法。

<< 扫左侧二维码可获取本小节配套视频课程

第1步 打开本例的素材文件"月度库存管理表 .xlsx"，① 选择【审阅】选项卡，② 在【保护】组中单击【保护工作表】按钮，如图 8-5 所示。

第2步 弹出【保护工作表】对话框，① 在【取消工作表保护时使用的密码】文本框中输入密码，② 在【允许此工作表的所有用户进行】列表框中勾选允许操作的复选框，③ 单击【确定】按钮，如图 8-6 所示。

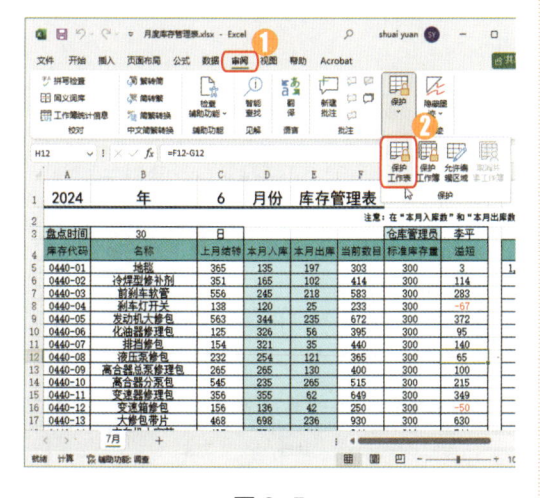

图 8-5

图 8-6

第3步 弹出【确认密码】对话框，① 在【重新输入密码】文本框中输入刚才设置的密码，② 单击【确定】按钮，如图 8-7 所示。

第4步 当对工作表进行操作时，即会弹出【Microsoft Excel】对话框，如图 8-8 所示。这样即可完成保护工作表的操作。

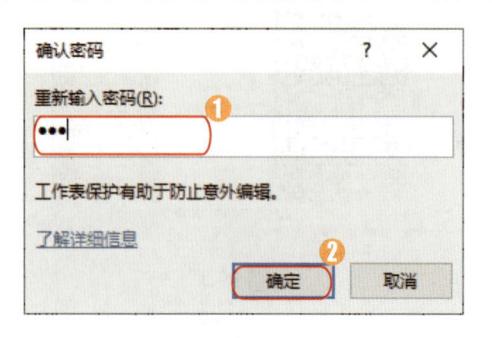

图 8-7

图 8-8

8.1.3 如何设定允许编辑区域

有时在制作一些表格的时候，希望有一些地方不能改动，这时用户就要学会怎么设定只允许用户编辑的区域，设置后用户将只能编辑设置为允许编辑的数据区域。

<< 扫左侧二维码可获取本小节配套视频课程

第1步 打开本例的素材文件"月销售记录表.xls"，① 选择【审阅】选项卡，② 在【保护】组中单击【允许编辑区域】按钮，如图 8-9 所示。

第2步 弹出【允许用户编辑区域】对话框，单击【新建】按钮，如图 8-10 所示。

图 8-9

图 8-10

第 3 步　弹出【新区域】对话框，① 在【标题】文本框中输入名称，② 单击【引用单元格】文本框右侧的折叠按钮，如图 8-11 所示。

第 4 步　弹出折叠对话框，① 框选允许编辑的区域，② 单击展开按钮，如图 8-12 所示。

图 8-11

图 8-12

第 5 步　返回到【新区域】对话框中，① 在【区域密码】文本框中输入密码，② 单击【确定】按钮，如图 8-13 所示。

第 6 步　弹出【确认密码】对话框，① 在【重新输入密码】文本框中输入刚刚设置的密码进行确认，② 单击【确定】按钮，如图 8-14 所示。

图 8-13

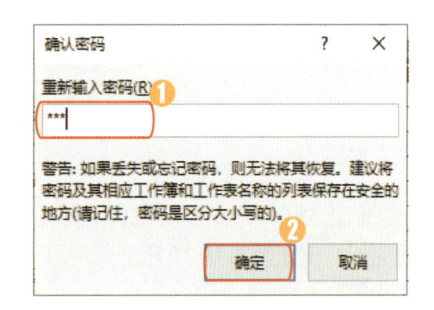

图 8-14

第 7 步　返回到【允许用户编辑区域】对话框中，单击【保护工作表】按钮，如图 8-15 所示。

第 8 步　弹出【保护工作表】对话框，① 在【取消工作表保护时使用的密码】文本框中输入密码，② 单击【确定】按钮，如图 8-16 所示。

图 8-15

图 8-16

第9步 弹出【确认密码】对话框，① 在【重新输入密码】文本框中再次输入密码，② 单击【确定】按钮，如图 8-17 所示。

第10步 当用户编辑设置的区域后，会弹出【取消锁定区域】对话框，① 输入正确的密码，② 单击【确定】按钮，如图 8-18 所示。

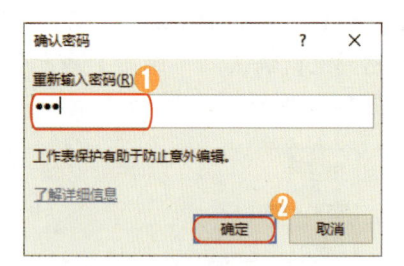

图 8-17

图 8-18

第11步 此时用户就可以编辑设置的区域范围内的数据了，如图 8-19 所示。

第12步 当用户编辑没有设置的区域后，会弹出一个对话框，提示用户单元格或图表位于受保护的工作表中，如图 8-20 所示。通过以上步骤即可完成设定允许编辑区域的操作。

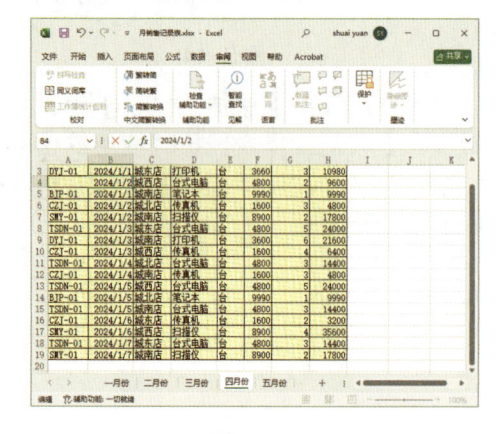

图 8-19

图 8-20

第 8 章
职场办公多备一招

8.2 简单易用的小妙招

Excel 不仅是职场上的必备技能，更是提升工作效率的强大工具。本节将详细介绍一些日常工作中经常会遇到的关于 Excel 的小妙招。

8.2.1 使用逗号分隔符快速分列数据

当工作中遇到一些有规则的分隔符时，用户可以用分列来快速拆分数据。本例以常见的逗号分隔符为例，来详细介绍使用逗号分隔符快速分列数据的操作方法。

<< 扫左侧二维码可获取本小节配套视频课程

第 1 步 打开本例的素材文件"逗号分隔符.xlsx"，① 选择【数据】选项卡，② 在【数据工具】组中单击【分列】按钮，如图 8-21 所示。

第 2 步 弹出【文本分列向导 - 第 1 步，共 3 步】对话框，① 选中【分隔符号】单选项，② 单击【下一步】按钮，如图 8-22 所示。

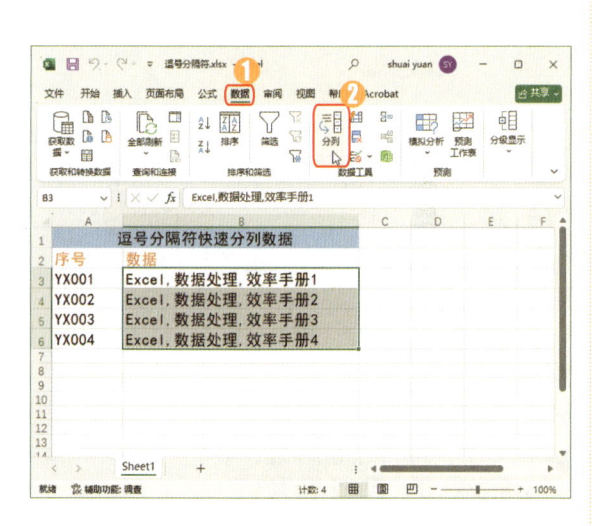

图 8-21

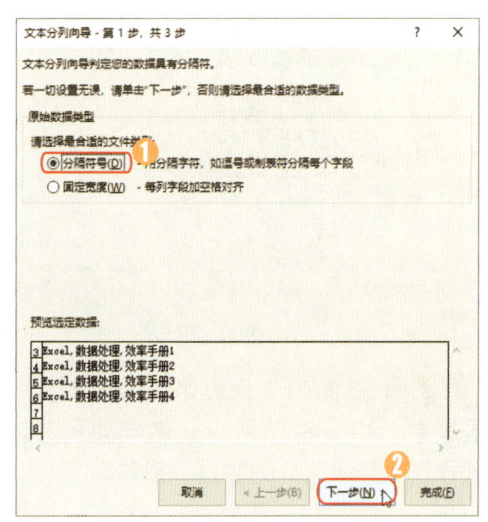

图 8-22

第 3 步 进入【文本分列向导 - 第 2 步，共 3 步】对话框，① 勾选【逗号】复选框，② 单击【下一步】按钮，如图 8-23 所示。

第 4 步 进入【文本分列向导 - 第 3 步，共 3 步】对话框，① 选中【常规】单选项，② 单击【目标区域】文本框右侧的折叠按钮，如图 8-24 所示。

221

图 8-23

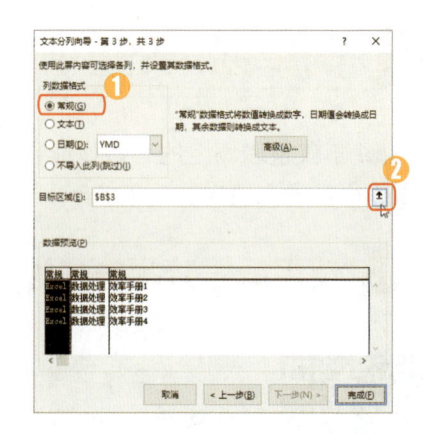

图 8-24

第5步 弹出折叠对话框，① 选择放置目标的区域，这里选择 B7 单元格，② 单击展开按钮，如图 8-25 所示。

第6步 返回到【文本分列向导-第1步，共3步】对话框，在【数据预览】区域中可以看到预览效果，单击【完成】按钮，如图 8-26 所示。

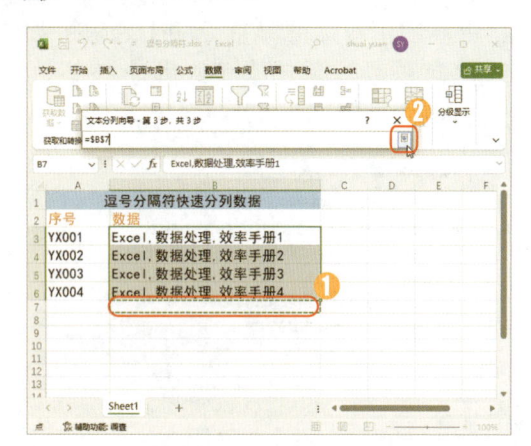

图 8-25

图 8-26

第7步 返回到工作表中，可以看到分列数据效果，如图 8-27 所示。这样即可完成使用逗号分隔符快速分列数据的操作。

※ 经验之谈

　　在处理数据和电子表格时，可读性和结构非常重要，它使数据更容易浏览和使用。提高数据可读性的最佳方法之一是将数据分割成块，这样更容易访问正确的信息。

图 8-27

8.2.2 根据单元格内容快速筛选出数据

筛选是 Excel 一个经常用到的功能，可以快速地找出符合要求的数据。本例将应用【按所选单元格的值筛选】命令，快速筛选出"单位"为"包"的数据。

<< 扫左侧二维码可获取本小节配套视频课程

第1步 打开本例的素材文件"产品销量表.xlsx"，① 选中"单位"为"包"的单元格并右击，② 在弹出的快捷菜单中选择【筛选】命令，③ 选择【按所选单元格的值筛选】命令，如图 8-28 所示。

第2步 可以看到系统会自动筛选出"单位"为"包"的所有数据，如图 8-29 所示。这样即可完成根据单元格内容快速筛选出数据的操作。

图 8-28

图 8-29

8.2.3 如何快速让员工名单随机排序

公司年会抽奖时，经常需要把员工名单顺序打乱，让每个人都有中奖机会。在 Excel 表中打乱数据顺序非常简单，结合使用排序功能和 RAND 函数就可以轻松实现，具体操作如下。

<< 扫左侧二维码可获取本小节配套视频课程

早做完，不加班
Excel 数据处理效率手册

第1步 打开本例的素材文件"员工名单.xlsx"，将鼠标指针放在C列的列标上，单击鼠标右键，在弹出的快捷菜单中选择【插入】命令，插入一个辅助列，如图8-30所示。

第2步 在D2单元格中输入公式"=RAND()"，将鼠标指针放在单元格右下角，拖曳鼠标向下填充公式，如图8-31所示。

图 8-30

图 8-31

第3步 ①选择D2单元格，②选择【数据】选项卡，③在【排序和筛选】组中单击【升序】按钮 ↓，如图8-32所示。

第4步 这样即可完成随机排序。排序过程中，D列的值会随机改变，如图8-33所示。

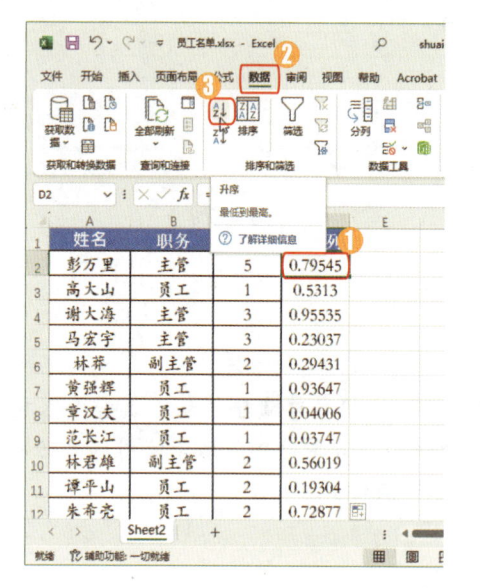

图 8-32

图 8-33

224

知识拓展

RAND 函数用来生成 0～1 的随机小数，因为小数是随机的，所以使用升序排序后，得到的顺序自然也是随机的。排序的时候"姓名"列也会随着排序，这样就实现打乱名单的效果了。

8.2.4 将"2024.07.01"改成"2024/7/1"格式

在 Excel 中，正确的日期格式应使用"/"或"-"作为连接符。"2024.07.01"是一种很常用但不规范的日期格式，会影响后续的数据筛选、日期计算，所以需要将"2024.07.01"格式转换成"2024/7/1"格式。转换的方法非常简单，使用查找和替换功能就可以快速转换成标准的日期格式，具体操作如下。

<< 扫左侧二维码可获取本小节配套视频课程

第1步 打开本例的素材文件"转换日期格式.xlsx"，选择 B 列，如图 8-34 所示。

第2步 按快捷键【Ctrl】+【H】，调出【查找和替换】对话框，① 在【查找内容】文本框中输入"."，② 在【替换为】文本框中输入"/"，③ 单击【全部替换】按钮，如图 8-35 所示。

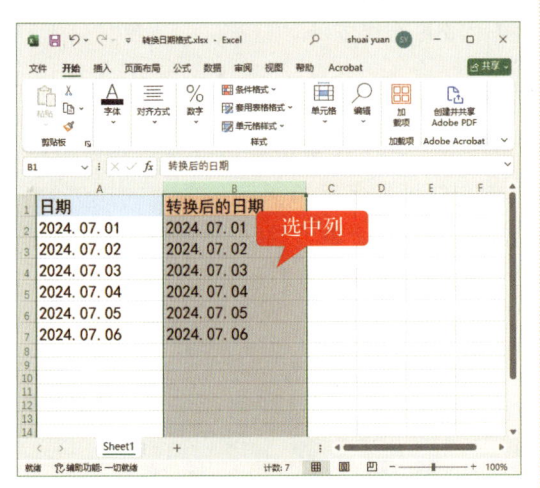

图 8-34

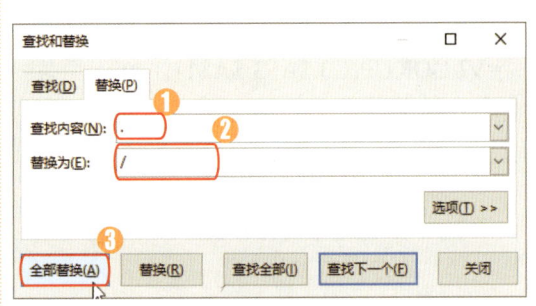

图 8-35

第3步 系统会弹出一个对话框，提示完成多少处替换，如图 8-36 所示。

第4步 这样即可完成日期格式的转换，替换后的日期在筛选的时候就可以根据年月日自动分组了，如图 8-37 所示。

225

早做完，不加班
Excel 数据处理效率手册

图 8-36

图 8-37

8.2.5 如何快速找出名单中缺失的人名

工作中经常会遇到核对人员名单的场景。例如，本例要核对"表2"列中有哪些人员在"表1"列没有被统计，此时可以使用 VLOOKUP 函数快速查找出来。下面详细介绍其操作方法。

<< 扫左侧二维码可获取本小节配套视频课程

第1步 打开本例的素材文件"找出缺失的人名.xlsx"，选择 D3 单元格，输入公式"=VLOOKUP(C3,$A$3:$A$11,1,0)"，并按【Enter】键，向下填充公式，如图 8-38 所示。

第2步 这时 D 列出现一些错误值 #N/A，对应的 C 列的名字就是我们要找的缺失的名字，① 选中 D2 单元格，② 单击【数据】选项卡下【排序和筛选】组中的【筛选】按钮，如图 8-39 所示。

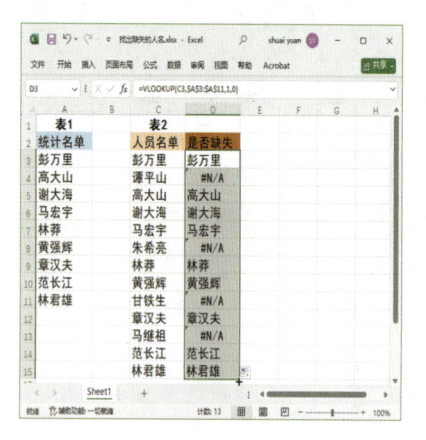

图 8-38

图 8-39

226

第3步 ① 单击 D1 单元格中的【筛选】按钮，② 在弹出的下拉列表中勾选【#N/A】复选框，③ 单击【确定】按钮，如图 8-40 所示。

第4步 当 VLOOKUP 函数查找不到数据时，会返回错误值 #N/A，如图 8-41 所示。通过筛选 #N/A 就可以把缺失的姓名准确地找出来了。

图 8-40

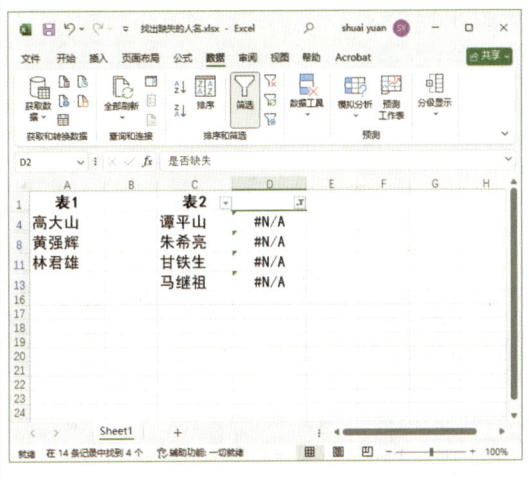

图 8-41

8.3 打印与输出表格

对表格进行打印与输出是常见的工作，看似简单的表格打印其实也有很多技巧。例如，如何只打印部分数据，如何插入分页符对表格进行分页，如何只打印图表，如何为奇偶页设置不同的页眉、页脚，如何将 Excel 文件导出到文本文件。本节将详细介绍打印与输出表格的相关知识及操作方法。

8.3.1 如何只打印部分数据

在日常工作中，经常需要打印各种表格。但有些时候，要求只打印表格中的部分内容，对此，我们可以通过设置打印区域来实现。下面详细介绍只打印部分数据的操作方法。

<< 扫左侧二维码可获取本小节配套视频课程

第1步 打开本例的素材文件"工资统计表.xlsx",① 选择准备打印的区域,② 选择【页面布局】选项卡,③ 在【页面设置】组中单击【打印区域】下拉按钮,④ 在弹出的下拉列表中选择【设置打印区域】选项,如图 8-42 所示。

第2步 按快捷键【Ctrl】+【P】进入【打印】页面,在这里可以进行打印预览或直接打印,如图 8-43 所示。

图 8-42

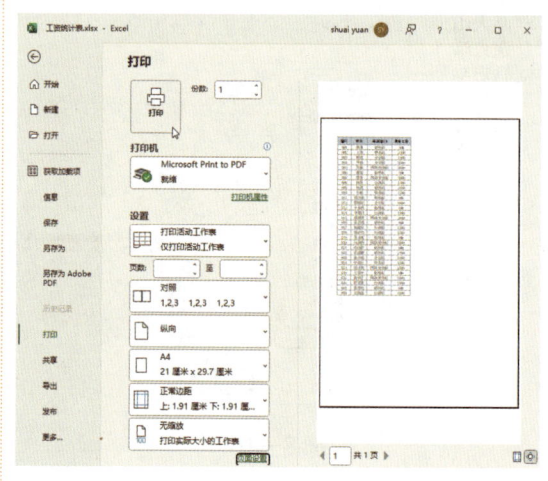

图 8-43

8.3.2 如何插入分页符对表格进行分页

分页符可将工作表拆分为单独页面来进行打印。Excel 会根据纸张大小、边距设置、缩放选项及插入的任何手动分页符的位置插入自动分页符。若要按所需的确切页数打印工作表,可以在打印工作表之前调整工作表中的分页符。

<< 扫左侧二维码可获取本小节配套视频课程

第1步 打开本例的素材文件"工资统计表.xlsx",① 在工作表中选择需要设置分页符的列,② 选择【页面布局】选项卡,③ 在【页面设置】组中单击【分隔符】下拉按钮,④ 在弹出的下拉列表中选择【插入分页符】选项,即可完成插入分页符的操作,如图 8-44 所示。

第2步 ① 选择【视图】选项卡,② 在【工作簿视图】组中单击【分页预览】按钮,如图 8-45 所示。

第 8 章
职场办公多备一招

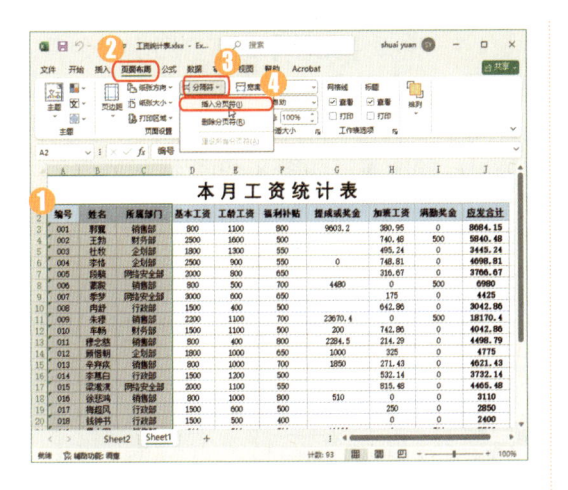

图 8-44

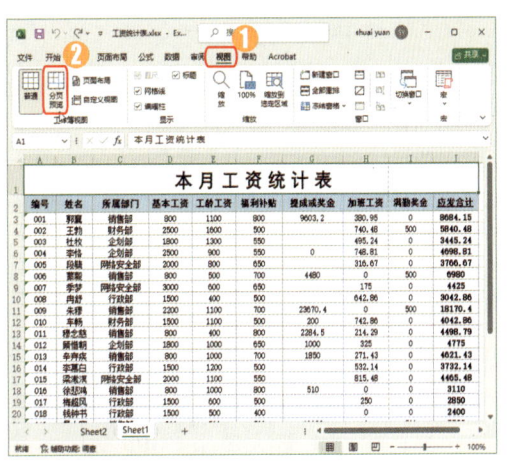

图 8-45

第 3 步 进入分页预览页面后，① 选择数据列并右击，② 在弹出的快捷菜单中选择【插入分页符】命令，如图 8-46 所示。

第 4 步 这样也可以完成插入分页符的操作，如图 8-47 所示。

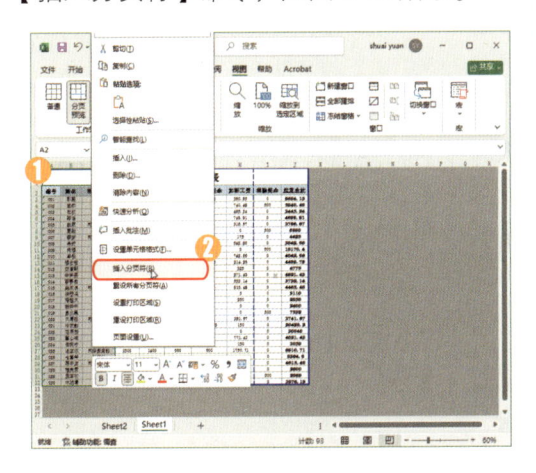

图 8-46

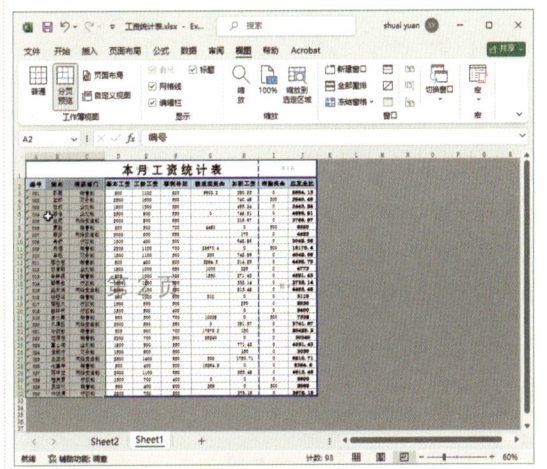

图 8-47

8.3.3 如何只打印图表

Excel 中的图表可以嵌入数据工作表中，也可以单独存放到图表工作表中。图表工作表中的图表可以直接打印。而要单独打印嵌入式图表，只需选择该图表，然后进行打印即可。

<< 扫左侧二维码可获取本小节配套视频课程

229

早做完，不加班
Excel 数据处理效率手册

第1步　打开本例的素材文件"学生成绩排名.xlsx"，选择准备打印的图表，如图 8-48 所示。

第2步　选择【文件】→【打印】命令后，进入【打印】页面，① 在【设置】组中选择【打印选定图表】选项，② 单击【打印】按钮，即可只打印图表，如图 8-49 所示。

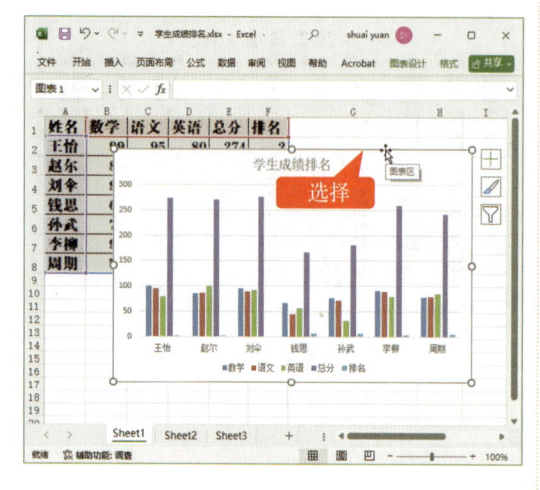

图 8-48

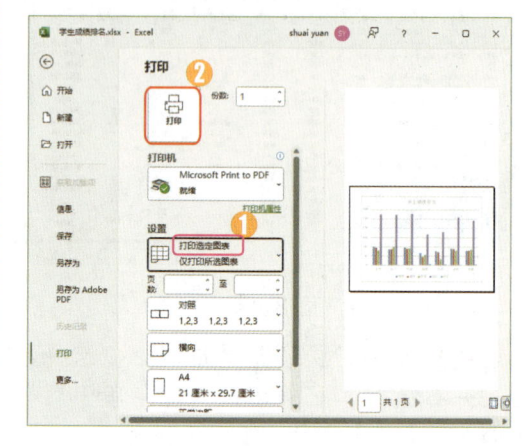

图 8-49

知识拓展

如果只打印工作表中的数据，而不打印图表，可以选择图表并右击，在弹出的快捷菜单中选择【设置图表区域格式】命令，打开【设置图表区格式】窗格，选择【图表选项】选项卡，单击【大小与属性】按钮，在【属性】选项组中取消勾选【打印对象】复选框，然后取消对图表的选择，打印工作表即可。

8.3.4　如何为奇偶页设置不同的页眉、页脚

当制作的 Excel 表格内容有多页时，为了更好地说明表格内容，可以为表格的奇偶页设置不同的页眉和页脚。下面详细介绍为奇偶页设置不同的页眉、页脚的操作方法。

<< 扫左侧二维码可获取本小节配套视频课程

第8章 职场办公多备一招

第1步 打开本例的素材文件"考勤工资统计表.xlsx",① 选择【页面布局】选项卡,② 单击【页面设置】组右下角处的对话框开启按钮,如图 8-50 所示。

第2步 弹出【页面设置】对话框,① 选择【页眉/页脚】选项卡,② 勾选【奇偶页不同】复选框,③ 单击【自定义页眉】按钮,如图 8-51 所示。

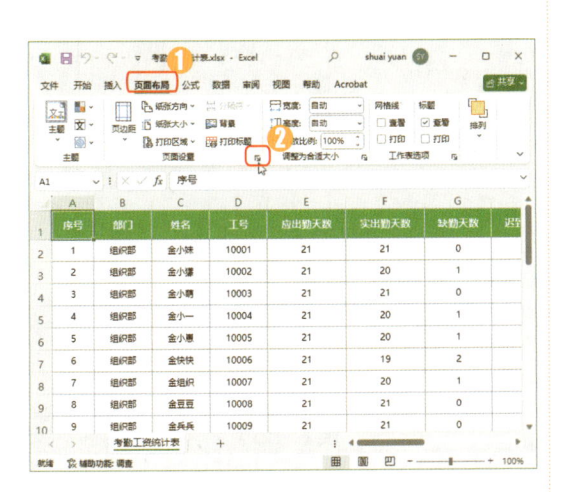

图 8-50

图 8-51

第3步 弹出【页眉】对话框,① 选择【奇数页页眉】选项卡,② 根据实际需要设置左部、中部、右部内容,单击相应的按钮即可进行设置,如图 8-52 所示。

第4步 在【页眉】对话框中,① 选择【偶数页页眉】选项卡,② 同样根据实际需要设置左部、中部、右部内容,③ 单击【确定】按钮,如图 8-53 所示。

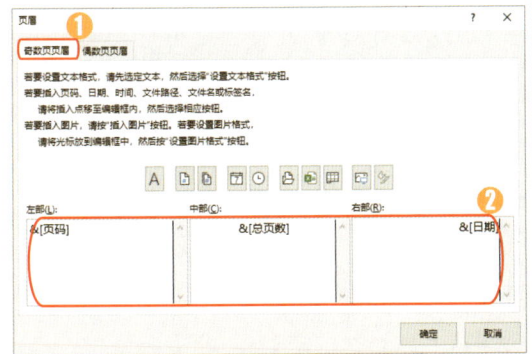

图 8-52

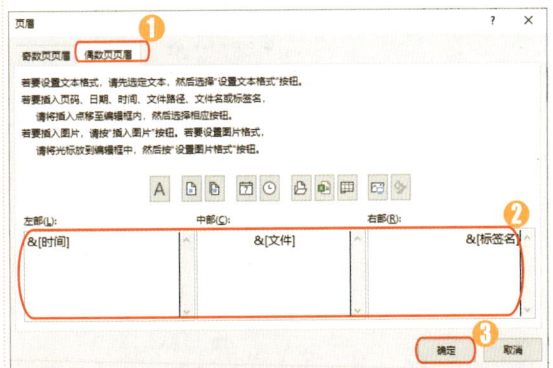

图 8-53

231

第5步 返回【页面设置】对话框中，单击【打印预览】按钮，如图 8-54 所示。

第6步 进入【打印】页面，此时即可预览为奇偶页设置的不同页眉效果，如图 8-55 所示。页脚的设置同理，这里就不再赘述了。

图 8-54

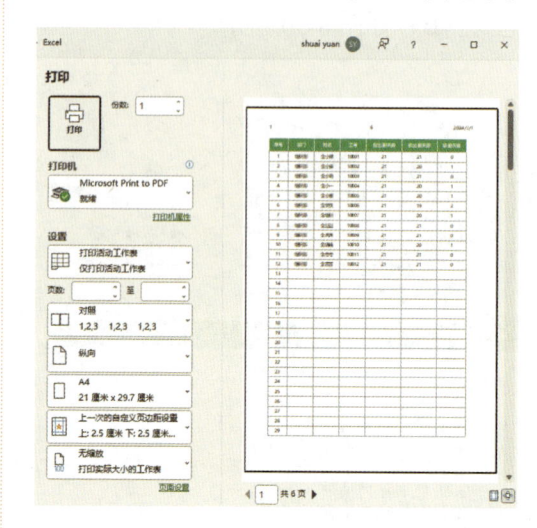

图 8-55

8.3.5 如何将 Excel 文件导出到文本文件

　　Excel 导出数据的功能指的是如何将 Excel 表格中的数据导出到非标准的 Excel 文件中。在 Excel 中选择【文件】选项卡下的【另存为】命令，进入【另存为】页面后，双击【这台电脑】选项或选择【浏览】选项，如图 8-56 所示。在弹出的【另存为】对话框中可选择各种格式的文件，如图 8-57 所示。

图 8-56

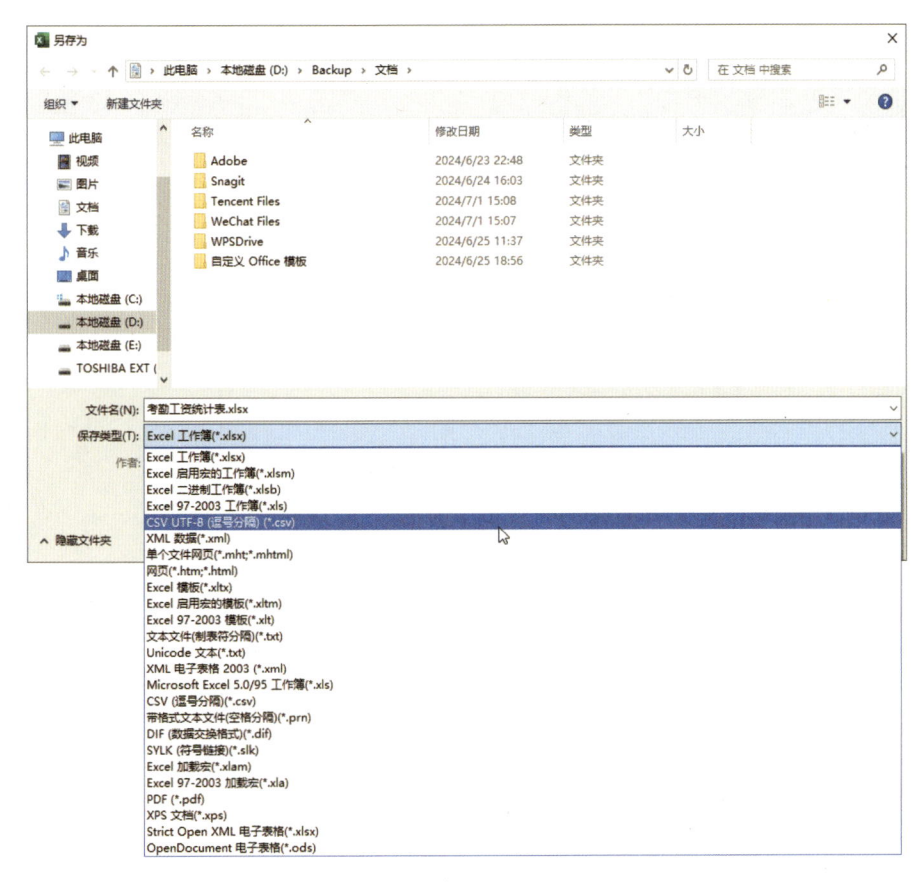

图 8-57

常见的可导出的文本文件类型有两种：CSV 文件和 TXT 文件。也就是说，将 Excel 文件另存为 CSV 文件和 TXT 文件，即可实现导出到文本文件中。

（1）CSV 文件：CSV 文件以纯文本形式存储表格数据（数字和文本）。纯文本意味着该文件是一个字符序列，不含像二进制数字那样被解读的数据。CSV 文件由任意数目的记录组成，记录间以某种换行符分隔；每条记录由字段组成，字段间的分隔符是其他字符或字符串，将 Excel 文件导出为 CSV 文件是以逗号分隔单元格的。

（2）TXT 文件：TXT 是微软在操作系统上附带的一种文本格式，也是最常见的一种文件格式。TXT 文件早在 DOS 时代应用得就很广泛，其主要用于存储文本信息（即文字信息）。现在的操作系统大多使用记事本等程序保存该文件，大多数软件可以查看，如记事本程序、浏览器等。将 Excel 文件导出为 TXT 文件由制表符分隔单元格。